从物联网到人工智能（上）

鹿晓丹　主　编

ZHEJIANG UNIVERSITY PRESS
浙江大学出版社

图书在版编目（CIP）数据

从物联网到人工智能 . 上 / 鹿晓丹主编 . —
杭州：浙江大学出版社，2020.6
ISBN 978-7-308-19979-7

Ⅰ . ①从… Ⅱ . ①鹿… Ⅲ . ①互联网络－应用－基本
知识②智能技术－应用－基本知识③人工智能－基本知识
Ⅳ . ①TP393.4②TP18

中国版本图书馆 CIP 数据核字（2020）第 020527 号

从物联网到人工智能（上）

鹿晓丹　主编

责任编辑	吴昌雷
责任校对	高士吟
封面设计	龚亚如
出版发行	浙江大学出版社
	（杭州市天目山路 148 号　邮政编码 310007）
	（网址：http://www.zjupress.com）
排　　版	杭州朝曦图文设计有限公司
印　　刷	杭州杭新印务有限公司
开　　本	710mm×1000mm　1/16
印　　张	8.5
字　　数	140 千
版 印 次	2020 年 6 月第 1 版　2020 年 6 月第 1 次印刷
书　　号	ISBN 978-7-308-19979-7
定　　价	35.00 元

目录

CONTENTS

导读

INTRODUCTION

物联网（Internet of Things）和人工智能（artificial intelligence）的飞速发展实质性地影响到了我们生活中的每个细节。让我们来想象一下，假如没有物联网和人工智能，我们的生活会变成什么样子：如果汽车的驾驶者没有可以实时更新并且帮我们指引最佳路径的导航应用，只能打开既不智能也不方便实时阅读的地图册，驾驶的安全就不能得到保障，没有优化的路径会造成燃料的浪费和更高污染的排放；如果我们在结束一整天的紧张学习后回到温暖的家中，发现我们的电视无法连接到互联网上去主动选择观看我们喜欢的节目，而是只能被动地接受传统电视台播放的定点节目，我们的心情会受到很大的影响；如果我们居住的小区没有智能监控设备，当潜在的危险向我们靠近时，我们将无法在第一时间收到通知，安全将无法受到保障；如果机场的海关取消了智能人脸识别通关系统，在我们出国旅行回到祖国的时候，可能需要和其他乘客一起排长龙。这样的例子还有很多，如无人驾驶、语音识别、共享乘车等，很多读者觉得平常的事情，实际上都深深地刻上了物联网和人工智能的烙印。

笔者依稀记得二十多年前计算机刚刚普及时的情景：很多人围着一台计算机，对这样一台非常昂贵的机器充满了敬畏的心情，对能熟练操作计算机的技术人员充满了崇拜。何曾想到二十多年后的今天，如果不懂得计算机和智能设备的运用，我们或许都很难在这样一个高度现代化的社会中生存。时间就是一面镜子，现在看似高深的物联网和人工智能技术，在不久的将来必然会成为我们必须熟练掌握并应用的技能。这种必然性是因为社会生活的各个方面都将会被物联网和人工智能技术所颠覆。世界上各个国家，尤其是西方发达国家，都在为加速推进物联网和人工智能技术的普及投入大量的人力和物力,为的就是能在起跑线上拉开和其他国家的差距,从而引领世界发展的潮流。中国也在紧追世界的潮流,战略性地在基础教育阶段,有节奏地推进技术的普及,从而培养和储备大批人才。本教材运用西方在基础教育阶段普遍采用的基于项目学习(project based learning)的方法,通过实践和精彩的项目来掌握这些技术的精髓,摆脱了大量纯粹的理论、公式、算法和代码的教学,潜移默化地将现代技术传授给学生。

本系列教材分为上下两册:上册着重于基础知识的介绍以及运用我们设计的学习组件和私有云让读者深入学习、掌握物联网的应用。下册结合我们研发的人工智能教育平台让读者掌握和运用人工智能的基础技术。通过两个阶段的学习,希望我们的同学能够在基于实践和研究的新颖学习模式下,扎实地掌握和运用学到的技术,同时鼓励大家勇于创新,让技术为我们所用,推进社会的网络化和智能化。

第 1 章

CHAPTER 1

进入物联网的世界

　　这是新的一天的开始,西西睁开惺忪的睡眼,洗漱完毕后,戴上爸爸妈妈送给他的生日礼物——智能手表,准备去上学。西西的智能手表可以连接到互联网,通过云端存储的备忘录来提醒自己学校重要的事情。智能手表提醒西西,今天学校举办一年一度的运动会,所有同学都需要早早赶到学校,于是西西请求妈妈开车送他去学校。妈妈驾驶着汽车行驶在去学校的路上,西西问妈妈能不能尽快赶到学校,于是妈妈打开了车载的智能导航设备。智能导航设备从网络获取各条道路的交通状况,根据妈妈所在的位置,找到了最快到达学校的路线,西西终于准时赶到了学校。通过校门时,智能考勤系统扫描了西西学生卡内置的射频芯片,让西西顺利进入学校。这个时候,西西的班主任的智能手机显示西西已经到达学校,所有的小运动员都已经准备就绪。

　　正当运动会要开始的时候,所有的人都收到了来自学校的短信,学校的餐厅有火警警报,请大家注意安全,不要靠近。原来是学校新安装的智能火灾报警系统感知到火情,并向全校发布了火警警报。学校的工作人员第一时间得知火情后,迅速地解决了火情,保护了全校师生的生命和财产安全。有惊无险,运动会可以继续进行。西西松了一口气,因为他准备了好久,要在运动会上一展身手。西西参加的项目是跳远,跳远对风速非常敏感,以往的运动会,西西都是靠自己的经验来判断风速,但这次西西不需要,因为他和他的同学用传感器和互联网知识,设计并在跳远场地边安装了一个可以测量风速并分享给所有运动员的物联网设备。西西的刻苦练习让他顺利地拿到了跳远的冠军,西西开心地回到了温暖的家中。妈妈为了奖励西西,早就在网上购买了一辆智能玩具车,妈妈打开手机,定位发现物流公司已经把快递送到了小区的收发室。妈妈取回了包裹，给了西西一个大大的惊喜。

这是西西再普通不过的一天，然而在这一天里，他的生活的方方面面充满了物联网的各种应用：智能信息设备、智能交通、智能建筑、智能环境监测、智能物流。西西这一天的经历，正是物联网飞速发展的一个缩影，我们每天生活的每一个细节，正在被物联网所包围，使得我们每个人都不得不去面对它并且学习它。

那到底什么是物联网？从物联网诞生到现在，没有一个人能够准确地定义什么是物联网，这是因为物联网这个概念随着互联网技术和软硬件的快速发展，正在无限地拓展。简单地讲，**物联网是通过互联网、传统电信网等信息载体，让所有能行使独立功能的普通物体实现互联互通的网络**。这从物联网的英文名字 Internet of Things（IoT）里可以理解得更加清楚。根据国际电信联盟（ITU）2005 年给出的物联网时代场景的描述：当驾驶者出现错误操作时，汽车会自动报警；公文包会提醒主人是否忘记携带什么必备的物品；洗衣机可以感知衣物的类型来选择合适的水温和力度……物物互联如图 1.1 所示。

图 1.1　物物互联

其实物联网"物物互联"的概念在 1995 年微软创始人比尔·盖茨的《未来之路》一书中就被提出，然而这一超前于时代的概念并没有引起多少人的注意，主要是当时网络、软件、硬件、传感器的发展尚未达到大规模发展互联设备的要求。随后在 1998 年和 1999 年，美国麻省理工学院（MIT）和美国 Auto-ID 中心都提出了自己的物联网架构。物联网（IoT）的概念被真正提出是在 2005 年的信息社会世界峰会（WSIS）上，由国际电信联盟发布。在随后几年里，世界各国都相继对本国的物联网发展提出了明确的方法。我国政府也高度重视物联网的研究和发展，政府部门包括工业和信息化部、科技部、住房和城乡建设部一再加大了支持物联网和智慧城市方面的力度。国家领导人的一系列重要讲话、报告和相关政策措施表明，大力发展物联网产业将成为今后一项具有国家战略意义的重要决策。

伴随我国十多年经济的飞速发展，一系列科技独角兽企业，例如腾讯、百度、阿里巴巴、小米、滴滴等，都投入了总数远远超过千亿的资金来发展物联网。同学们，是时候来接触并且实践物联网知识，发挥年轻人无限的创意和想象力，进一步推进我们国家物联网技术的普及和发展。

编写这本书的目的不是教授广大的学生每个具体的技术细节和计算方法，因为物联网的博大精深，需要知识体系的广泛性，即使是本科阶段的学生也未必能完全掌握。作者希望运用在美国多年的教学经验，通过基于项目的学习方法，避免生硬的技术语言，让同学们在学习的过程中完成一个又一个有趣的项目，同时在这些有趣的项目中真正地掌握一些物联网的基础知识，最终能实现自己的一些大胆创新和想法，帮助解决现实生活中的热点问题，例如环保、老龄化、交通、医疗等。

1.1　物联网的四层架构

让我们进入正题，来看看一个物联网最基本的四层架构。了解物联网系统的架构有利于我们更好地理解物联网是怎么运作，并且在完成项目或者设计项目时有一个清晰的思路。

如图 1.2 所示，物联网的架构可以分为感知层、网络层、平台层和应用层等四个层次，它们各有各的功能。让我们从最底层，也就是感知层来说起。我们的皮肤可以说是我们人类的感知层，皮肤可以感受到温度、湿度的变化，可以分辨不同的触感，可以感受到疼痛。对于一个物联网来说，感知层经常用来指感知类智能设备或者装置。这类装置能够通过传感器来感知各种环境参数,数据经过自身所携带的处理器处理后存储在设备里以准备随时向外界传输。

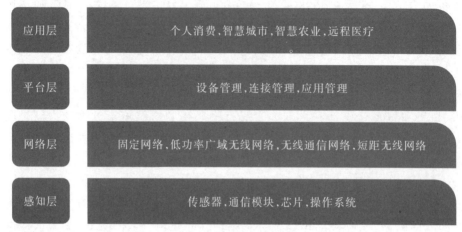

图 1.2　物联网的四层架构

让我们以之前提到的"西西的一天"为例,西西和他的朋友制作了一个智能风速测量设备,能够测量运动场附近最准确的风速。这个测量仪就是一个感知类的智能设备,配备一个风速传感器,这个传感器可以测量风速,并且通过这个智能设备接收、记录风速,等待被传递到下一层,也就是网络层。

网络层,简单讲,就是将存储在感知类智能设备内的数据,通过固定网络或者无线网路的方式,传输到设备管理平台层。延续上一个例子,西西和他的朋友制作的智能风速测量设备在运动会中发挥了重要的作用,所以西西制作了更多这样的设备并安装在校园教学楼的四周,用来研究建筑物对空气流动的影响。西西所安装的这些智能风速测量设备,分布在各个不同的地点,采集风速风向的数据,然后通过网络层,也就是学校的 Wi-Fi 无线网络,把所有数据集中传输到一台具有存储和管理功能的计算机上,也就是设备管理平台层,等待平台层运用预先设计好的程序对数据进行操作和管理。由于感知智能设备的分布式的特性,现实当中很难运用传统的固定网络进行数据传输,绝大部分现有的物联网设备采用短距离无线网络,例如Wi-Fi、Bluetooth 和 ZigBee 等进行互联互通。伴随着长距离无线通信网络的迅猛发展,2G/3G/4G/5G 网络在网络层里扮演的角色越来越重要。如果西西想进一步对整个城市的空气流动特性进行研究,网络连接就应该选择覆盖面积更大、服务相对更加稳定的无线通信网络。

当采集的数据(这里的数据可以是数字、声音、图像或者是视频)通过网络层集中传输到达设备管理平台层时,设备管理平台层开始发挥它存储、处理和管理这些数据的作用。延续上面西西的例子,安装在教学楼周围的智能风速测量设备测量各个定点的风速,并且通过校园 Wi-Fi 传输到一台具有较强运算能力的计算机上。这台计算机通过对数据的处理、分析和运用,绘制了教学楼四周的空气流动的 3D 图像和视频,存储在计算机上并时刻准备着将这些结果发送到其他任课老师和家长手中,也就是各种用户的手中,这里的老师和家长都处在应用层。举一个更贴近大家生活的例子:学校举办征文比赛,每个同学根据自己对题目的理解进行写作,然后通过学习委员提交给语文老师,语文老师对每篇文章进行仔细阅读,并根据文章的内容分门别类,选出优秀的作品,然后提供给学校、家长、媒体来进行阅读和传播。这个例子里,同学们是感知层,感知到了写作主题并完成了作文;学习委员是网络层,通过学习委员,所有的作品被集中传输到语文老师手中;语文老师是设备管理平台层,语文老师收到了来自网络层的作文,根据自己的专业知识对所有文章进行了处理和评价;学校、家长和媒体虽然会对来自平台层的结果有各自的运用方式,例如学校会根据结果来表彰获奖同学,家长通过结果来帮助孩子更好地学习写作,媒体从学生的作品中找到独特的观点进行报道,但他们都是来自平台层的信息的用户,他们处在应用层。

相信通过这一阶段的学习,大家对物联网的架构会有一个非常直观和深层次的了解。

1.2　物联网的学习方法

一门科学的进步不仅仅是靠大量的理论计算和论述,更多的是来自于实践的过程。以物理学为例,很多同学认为物理学是一门需要大量计算和证明的科学,然后在研究物理学本质后大家会惊讶地发现,物理学其实是一门实验性的科学(experimental science)。所有物理理论和原理,都是来源于对某个现象的归纳和总结,然后上升到理论高度,再对未探索的想象进行预测,然后再结合具体实践来进一步论证理论的严谨性。如果阿基米德不在浴缸洗澡,观察到水会溢出来,浮力就不会被他发现;没有牛顿仔细观察苹果掉落的现象，重力就不会被人类认知；没有富兰克林大胆的风筝引电实验，电就不会被广泛应用。这些例子都告诉我们实践的重要性。

学习物联网也是一样。这样一门包罗万象的科学技术，纵使最顶尖的科学和工程研究人员也未必能够完整地学习和论述，更何况是处在同学们这样一个学习生活非常紧张的阶段。所以学习的方法应该和传统的数理学科的学习方法有所区别。其实不仅仅是我们国家重视这方面的基础教育，包括美国在内的西方发达国家也投入了大量的人力和财力，研究和探索现今科技在基础阶段的教学方法。其中一种学习方法，基于项目的学习（project based learning），脱颖而出，受到了政府、教育界和学生的广泛认可，在多年的实践当中取得了丰硕的成果，培养了一代又一代技术素养扎实同时又具有创新性的高科技人才。这种学习方法的优点在于它避免了对艰涩的理论和复杂的计算的直接介绍，而是采用动手的方式，通过技术在解决具体问题的过程中对需要学习的理论有一个更加直观的了解，从而激发对理论本身深入研究的兴趣。因为在很多情况下大家一开始并不理解这些理论到底要干什么、会运用在什么场景下、这些复杂的公式有什么意义，从而失去学习的兴趣和动力。更为重要的是，在动手过程中，同学们在对技术的消化和吸收的同时，也会产生自己的创新性想法，释放出无限的创造力。这一点对处在创造力无限的青少年阶段的大家尤其重要。让我们来看看科技领域独角兽企业创始人的例子：阿里巴巴创始人马云、微软创始人比尔·盖茨、谷歌创始人布林、亚马逊创始人贝索斯、脸书创始人扎克伯格、Snapchat创始人斯皮伯格，他们之中没有一个人是基础理论的顶级专家，但他们都是最新科技应用的创造者和领路人。他们在科技界取得巨大成功，是基于对技术应用场景的设计，而不是技术本身的创新，尽管技术本身的创新也非常重要。有趣的是，当这些技术的应用为社会创造巨大的价值之后，社会资源就会自动地向这些技术倾斜，从而带动技术本身也取得巨大的进步，形成了一个自然的良性循环。

基于这些原因，本书打破传统教科书的条条框框，用平实和贴近生活的语言、世界领先的教具，带领大家通过一个又一个有趣项目的完成，进入物联网博大精深的世界中。在接下来的章节中，同学们会首先学习一些软件和硬件的基础知识，然后通过不同的项目，对物联网的感知层、网络层、平台层和应用层进行学习，最后进行一些物联网应用前沿的探讨，帮助大家开拓思维，为创新性地应用所学知识做准备。

本章小结

本章内容带领大家了解了物联网的基本概念和构架,介绍了物联网的学习方法。

课程实践

1. 仔细观察生活中的物联网应用,列出日常生活中接触到的物联网实例,根据物联网的架构分析这些例子的架构。

2. 阅读物联网相关的创业家的故事,了解他们是怎样把一个想法变成一件产品,并且通过这件产品来改变人们的生活。

3. 结合生活经验,想一想是否有什么难题可以通过物联网的概念来解决,给出一个设计并记录下来,查找相关资料,在接下来的学习中逐步实现这个解决方案。

第 2 章

CHAPTER 2

卡片大小的电脑
——感知层的信号处理器初探

上一章我们介绍了物联网"物物互联"的概念和它的四层架构。让我们首先来仔细看看最底层,也就是感知层。感知层是物联网的"五官",用于识别物体、感知物体、采集信息、自动控制,比如装在空调上的温度传感器识别到了室内温度高于30℃,把这个信息采集后,自动打开了空调进行制冷;这个层面涉及的是各种识别技术、信息采集技术、控制技术。识别温度也好,识别湿度也罢,从本质上讲,都是运用传感器来收集数据。如果说传感器是感知层的眼睛,那么为了能够准确控制眼睛并且将获取的信息准确地记录和处理,处理信号的大脑和中枢神经就显得尤为重要。信号处理器,作为感知层的一部分,它接收到来自传感器利用各种机制测量到的电信号,进行信号的处理,并且根据信号的不同做出响应。常见的信号处理装置有单片机(通常也称为微控制器)、DSP(通常也称为通用数字信号处理器)和 ARM(通常也称为高效能 RISC),它们本质上都是 CPU,即中央处理器,作用是根据预先设定好的程序对不同数据做不同的处理。

我们的课程选择了一款由英国树莓派基金会(见图 2.1)开发的、基于 Linux 的单片机——树莓派(Raspberry Pi)来作为我们在感知层的信号处理器。

图 2.1　英国树莓派基金会标识

名词解释小课堂

　　Linux：Linux与Windows、Mac OS一样，都是计算机操作系统。在Linux操作系统中，可以实现与Windows一样的操作，例如文件的管理、网页的浏览、文档的编辑、编写程序并执行等。不同之处在于Linux是一套免费使用和自由传播的类Unix的操作系统。该系统诞生于1991年，由于它的免费使用和源代码的开放，无数的科学家和业余爱好者对系统进行了长达数十年的优化，衍生出了各种各样的版本。Linux系统的可塑性使得其在科学研究领域得到了广泛的应用。Linux系统不仅可以安装在电脑上，而且可以安装在手机、路由器、平板电脑、游戏机上。

　　树莓派(Raspberry Pi)：是一款基于Linux的单片机电脑。它由英国的树莓派基金会研发，目的是以可以负担的价格以及自由的软件促进学校的基础计算机教学。我们会进一步介绍树莓派的各种知识，这里大家可以将树莓派当作一台电脑的主机，因为它拥有几乎电脑主机的所有组成部分。值得指出的是，树莓派的初衷只是为了用更低的价格让所有学校来普及计算机基础教育，然而，由于其作为信号处理器强大的性能和较低的价格，被广泛地应用到了物联网的设计当中。自2012年以来，树莓派从第一代发展到了第三代的改良版树莓派3B+(见图2.2)，所有型号的总销量已超过了1500万台。

图 2.2　树莓派 3B+

到这里想必大家一定对树莓派有了一个基本的了解,那接下来,让我们从零开始,实际地了解和接触这样一台神奇的电脑(见图 2.3)。

图 2.3　树莓派连接显示器和键盘鼠标后成为你亲手制作的第一台电脑

虽然这样一个可以拿在手中的电路板看似非常不起眼,但是它却拥有一台电脑所拥有的所有模块,以树莓派 3B+ 为例:

- 四核中央处理器,1.4GHz 主频;
- 1G 容量的内存;
- 4 个 USB 接口;
- 以太网(有线网络)接口;
- HDMI 视频音频输出接口;
- MicroSD 卡存储接口;
- Wi-Fi;
- 蓝牙;
- MicroUSB 电源接口(和大部分的安卓手机的电源接口一样);
- GPIO(general-purpose input/output),通用型输入输出引脚(我们在后面章节会详细介绍);
- CSI(camera serial interface)connector 相机串行接口;
- DSI(display serial interface)connector 显示器串行接口。

其具体结构如图 2.4 所示。

图 2.4　树莓派 3B+ 的结构

如果将鼠标和键盘通过 USB 端口连接到树莓派上，将显示器通过 HDMI 端口连接，打开电源后，你会惊讶地发现，整个系统和我们平时用到的计算机没有什么区别。甚至树莓派还拥有我们常见的计算机所没有的 GPIO 引脚。我们会在后面详细介绍 GPIO 引脚，它将在我们完成各种物联网项目中扮演着传话员的角色，在传感器和控制器之间搭起一座沟通的桥梁。

2.1　组装第一台属于自己的电脑

通过上面的介绍，大家一定对树莓派有了基本的了解，那么现在让我们动手来制作一台基于树莓派的计算机，它将成为我们之后的学习平台，同时也会是物联网感知层的信号处理器。

在大家开始进行连接各个组件之前，请注意电源应该是最后一个连接的，其他连接步骤的顺序可以不一样：

1. 将预先安装好操作系统安装程序的 microSD 卡插入树莓派的 microSD 卡槽中。

2. 将树莓派和显示器用 HDMI 连接线连接。这里的显示器可以是传统的计算机显示器也可以是拥有 HDMI 接口的电视。

3. 通过树莓派的 USB 接口连接键盘和鼠标。

4. 最后通过 microUSB 接口连接电源。

具体连接示意图如图 2.5 所示。

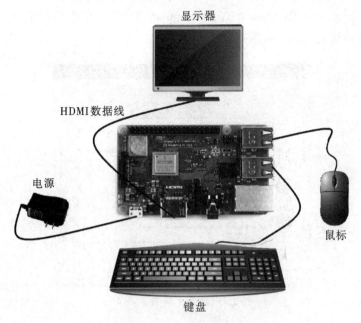

图 2.5　树莓派连接方式

当电源连接到树莓派上时,我们会观察到树莓派电源接口附近的一个红色 LED 和一个绿色 LED 灯会亮起(见图 2.6)。通过这两个信号灯可以有效地监控树莓派的工作状态。当红色 LED 灯亮起时,说明此时树莓派成功地连接到了电源上;当绿色 LED 灯闪烁时,说明树莓派正在读写 microSD 卡。

图 2.6　树莓派的 LED 指示灯

此时此刻,你手中的树莓派已经第一次连接上电源,并且顺利地启动。然而,由于存储卡中的操作系统安装程序 NOOBS 还没有安装操作系统,树莓派会被引导进入程序安装模式(见图 2.7)。前面我们介绍了树莓派可以运行 Linux 系统,所以这里我们会选择安装一款专门为树莓派定制的 Linux

操作系统版本——Raspbian。选择 Raspbian 系统后,在屏幕的最下方还可以选择国家和键盘布局,一切选择完毕后点击安装。

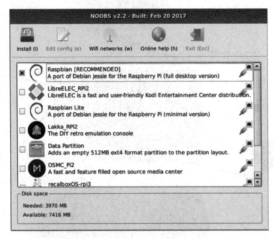

图 2.7　操作系统安装界面

安装完成后,选择重新启动树莓派,安装完成后的系统操作桌面如图 2.8 所示。恭喜你,你已经安装好了人生中的第一台电脑。

图 2.8　安装完成后的系统操作桌面

和 Windows 操作系统一样,每个用户会有一个自己的登录账户和密码。在安装 Raspbian 系统时,你并没有被要求填写用户名和密码,系统默认的用户名是 pi,密码是 raspberry。需要知道这个用户名和密码是因为某些特定时刻系统会要求你提供用户名和密码。当然你也可以修改用户名和密码:点击左上角的树莓派图标,打开主菜单选项,然后依次选择 Preferences ▶ Raspberry Pi ▶ Configuration。在 System 栏里,点击 Change Password 按钮就可以修改密码。如图 2.9 所示。

图 2.9　修改树莓派的密码

2.2　了解 Raspbian 系统

接下来让我们了解一下 Raspbian 系统的操作界面。

☞任务栏

任务栏分为左边和右边两个部分。任务栏右边部分如图 2.10 所示,用来显示网络连接、音量控制和网络状态等等。任务栏的左边部分如图 2.11 所示,有任务栏菜单和一些其他程序的快捷图标。

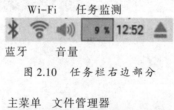

图 2.10　任务栏右边部分

图 2.11　任务栏左边部分

☞程序菜单

程序菜单在点击树莓派图标时会向下开启。如图 2.12 所示,程序菜单包含了很多非常实用的软件,包括编程语言、文本编辑、互联网浏览器等,同时也包含了系统设置和系统关闭等实用功能。

图 2.12　程序菜单

接下来我们详细地了解一些重要的程序和功能,这些程序和功能在我们将来操作树莓派时会发挥重要的作用。

☞文件管理器

可以通过点击图 2.11 中的文件夹图标打开文件管理器(File Manager)。和 Windows 以及 Mac OS 一样,用户的所有文件都保存在文件管理器(见图 2.13)这个文件夹中。在文件管理器内,你可以创建、重命名、移动和删除你的文件夹。

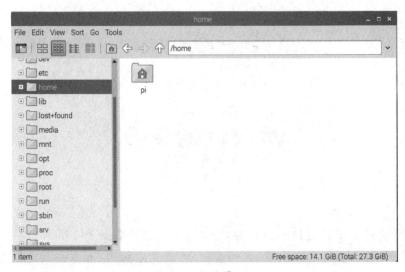

图 2.13　文件管理器

☞**终端**

终端(Terminal)是 Linux 系统中的一个重要的程序(见图 2.14),通过终端,你可以用文字命令的方式来控制 Raspbian 系统和你的树莓派互动。例如,你可以输入命令 ls 来查看当前路径下的所有文件,也可以输入 mkdir 加上文件夹的名字来创建一个文件夹。终端看似没有图形操作界面方便和直观,但其恰恰是最原汁原味的 Linux 操作系统的组成部分。在管理和控制 Linux 操作系统中,终端起到了举足轻重的作用。在接下来的物联网学习中,大家会学到各种命令,本着即学即用的学习理念,具体的各个命令会在用到时一一传授给大家。

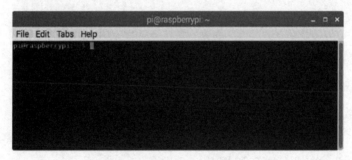

图 2.14　终端(Terminal)

☞**互联网**

互联网如今已经是社会生活重要的组成之一,相信大家已经非常了解,这里就不再赘述其重要性。树莓派可以通过简单的操作连接到有线以及无线网络上:将以太网网线插入树莓派的以太网接口,树莓派就会被自动分布 IP 地址并接入互联网;点击图 2.15 所示的任务栏右半部分的

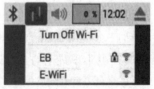

图 2.15　网络连接

网络连接图标,选择你想加入的无线网络,输入密码,就可以成功地连接到互联网上。

☞**互联网浏览器**

互联网浏览器让用户可以利用互联网浏览网页内容。Raspbian 系统所用的浏览器是 Chromium(见图 2.16),可以通过点击任务栏上的浏览器按钮打开,也可以进入程序菜单,在互联网选项下选择 Chromium 打开。我们知道互联网浏览器有很多种,其中谷歌公司研发的Chrome是其中非常优秀的一款,其实Chrome浏览器的核心就是基于Chromium浏览器。Chromium浏览器和我们在Windows操作系统中的浏览器没有太大的区别,具体的功能这里就不赘述了。

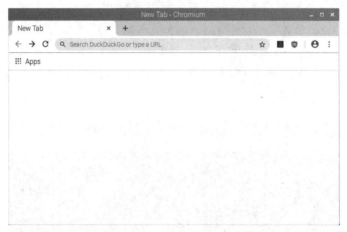

图 2.16　Chromium 浏览器

☞开机、关机、重启和退出

开机、关机、重启和退出是我们每次使用树莓派必须进行的操作。树莓派在设计上没有开机键,每次插上电源树莓派就会自动启动。树莓派的关机、重启和登出则是通过主菜单最下方的Shutdown选项来操作实现的(见图2.17)。点击Shutdown按钮,树莓派会启动其关机程序,绿色LED指

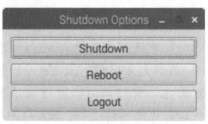

图 2.17　树莓派的关机选项

示灯会开始闪烁,几秒后绿色LED指示灯会关闭,表示此时的树莓派已经完全关闭,并可以安全地拔出电源。你也可以选择另外两个按钮进行重启或者退出。

本章小结

本章对世界广泛采用的教育类单片机树莓派进行了详细的介绍,让同学们对单片机这样一个抽象的概念有了一个具体的认识。单片机作为物联网感知层的信号控制器,起到了举足轻重的作用。熟练掌握树莓派的应用

有助于接下来通过基于项目的学习方法来学习和实践物联网知识。

课程实践

1. 从教学套件中取出树莓派及其配件，安装并设置一台自己的计算机。

2. 尝试 Raspbian 系统的各种功能，在老师的指导下熟悉终端的一些基本命令。

3. 了解安全使用树莓派的一些注意事项，避免对设备的损坏。

第 3 章

CHAPTER 3

Python 编程基础

　　保持自信,无论你有没有学习过编写程序,在这一章里,我们从零开始,用树莓派作为工具,学习基础的Python语言。需要指出的是,这里用到的语言可能不是技术上最准确的语言,而是作为初学者最容易理解的语言,毕竟本书不是系统性的编程教程。

名词解释小课堂

　　• Python语言:是一种广泛使用的解释型、高级编程、通用型编程语言,由吉多·范罗苏姆创造,始于1991年。Python的设计哲学强调代码的可读性和语法的简洁性。相比较C++或者Java,Python让开发者能够用更少的代码表达想法。Python的解释器本身几乎可以在所有的操作系统中运行,是一种跨平台的语言。

　　• 集成开发环境(Integrated Development Environment,简称IDE):是一种辅助软件开发人员开发软件的应用软件。让我们来打一个比方,软件开发人员好比作家,作家通过文字来抒发他们的情感,软件开发人员通过编程来完成一个任务。作家可以选择各种工具来写作,四十年前,作家只能通过手写的方式来写作,三十年前,有的作家选择通过打字机来写作,二十年前,作家开始选择计算机来编辑写稿。无论通过何种方式,作家写出的文字都是一样的,然而运用先进的工具给他们写作带来了各种各样的便利,提高了写作效率。软件开发人员也是一样的,在没有集成开发环境之前,他们只能用空白文档来编写程序,然后人工检查有没有输入错误,再手动编译程序,最后再运行程序。这样的过程效率极低。集成开发环境给程序员提供了一个友善的环境,既可以帮程序员用颜色标注不同的关键词防止拼写错误的发生,也可以在程序完成后直接进行编译和运行。往往一个大型程序里面包含很多文件,集成开发环境也可以帮助程序员对项目进行有效的管理。当然,一个集成开发环境还有很多其他的功能,这里就不一一赘述。

• 编译器:它将输入的代码翻译成计算机语言,让计算机懂得如何执行程序员输入的命令。这里不得不提到一个误区,很多同学可能会觉得计算机很聪明,能够进行非常复杂的计算,比我们人类要快很多。其实不然,我们人类要远比计算机聪明,这不仅因为我们的大脑由超过1000亿个神经元组成,还因为我们会进行逻辑思考和推理。计算机恰恰都不具备这些能力,它不能思考,只能机械地处理0和1这两个数字的运算。所以人类的命令需要被翻译成计算机懂的语言,也就是0和1的组合,然后计算机才能执行我们的指令。来担任这个翻译工作的,就是编译器。

树莓派的Raspbian系统给我们提供了一个非常友善的Python 3的集成开发环境,在这个软件里,我们可以编写程序、调试程序、修改程序。点击树莓派图标,然后选择Programming ▶ Python 3(IDLE),用户界面如图3.1所示。

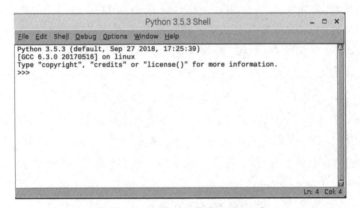

图3.1 Python 3 的集成开发环境

在这个界面里,你可以输入你需要Python执行的命令,然后由Python来调用前面介绍过的编译器把你的命令翻译成计算机明白的语言,最后执行你的指令并反馈给你结果。

让我们来看看怎么输入一个简单的命令并执行。在图 3.1 中,我们可以看到三个向右的箭头 >>> ,我们称之为提示符(prompt),它提示我们,Python已经准备就绪,正在等待我们输入命令。数学运算可能是 Python 里面最简单的指令,输入如下的命令并按回车键:

```
>>> 2+2
```

按下回车键后,你会看到如下的输出结果:

```
4
>>>
```

结果是显而易见的。当计算机执行完毕我们输入的指令后,计算机的>>>提示符再度出现,告诉我们,之前的命令已经执行完毕,系统准备就绪,可以接受下一条指令。

3.1　Python 的一些基本指令

数学运算
Python 可以进行绝大部分的数学运算。这些数学运算符包括:
- + 加法
- − 减法
- * 乘法
- / 除法
- // 除法,抛弃小数点后的数字
- % 取余数

大家可以在 Python 的界面里输入各种不同的数学运算,体验一下各种运算符的作用。

☞关系运算符
Python 可以用关系运算符来对关系运算符左边和右边的值进行比较,如果关系成立,系统输出的结果就是 True,如果关系不成立,系统输出的结果就是 False。常见的关系运算符包括:

- == 判断是否相等

- != 判断是否不等

- > 判断左边是否大于右边

- < 判断左边是否小于右边

- >= 判断左边是否大于等于右边

- <= 判断左边是否小于等于右边

举两个例子来加深我们对关系运算符的理解，首先输入如下的命令并按回车：

```
>>> 2>4
```

得到的结果是：

```
False
>>>
```

显然，2 不大于 4，所以输出的是 False，即错误。那我们来试试另外一种比较方式：

```
>>> 2<4
```

输出的结果是：

```
True
>>>
```

这个结果也完全在我们的预料之中。

☞赋值运算符

赋值运算符运用的符号"="和我们日常接触的"等于号"完全不同，这让初学者常常产生误解。

名词解释小课堂

·变量：我们可以把变量比喻成一个箱子，我们可以将数值存放在这个箱子里。为了避免箱子被混淆，我们给每个箱子取一个名字。这个名字我们称之为变量名，这个变量名可以是字母、下划线和数字的组合，但不能以数字开头，也不能和 Python 里面保留给命令或者常数的名字相同。

小测验

下面哪些变量名是正确的，哪些是不符合规范的？为什么？

fromNo12　from#12　my_Boolean　my-Boolean　Obj2　2ndObj　myInt My_tExt　_test　test!32　haha(da)tt　jack_rose　jack&rose　GUI　G.U.I

赋值运算符在 Python 里的作用是将符号右边的数值放入到符号左边的变量箱子内。如图 3.2 所示。

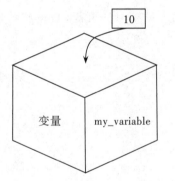

图 3.2　将一个数值放入一个变量中

输入如下命令：

```
>>> my_variable=10
```

这条指令可以解读为将赋值符号右边的数值，也就是 10，放在赋值符号左边的变量，也就是 my_variable 中。这时如果我们来检查 my_variable 变量中的内容，输入如下指令：

```
>>> my_variable
```

输出的结果是：

```
10
>>>
```

我们证明了现在的 my_variable 变量内存储的数值确实是 10。变量作为一个存储数值的箱子，当我们再次运用赋值符号对同一个变量进行赋值时，原来变量中存储的数据将被丢弃，取而代之的是新的数据。

☞ **数据类型**

数据的类型非常重要，对于一些运算符来说，只有对特定的数据类型才能进行操作。Python 常见的数据类型有以下几种：

- Int，整数类型；
- Float，浮点数或小数；
- String，在引号内的一些系列字符的组合，也叫作字符串；
- Boolean，布尔变量，只有两种可能，True 或者 False。

让我们来看一个实际的例子：

```
>>> a=3
>>> b=5.6
>>> c=' Welcome '
>>> d=True
```

这四个赋值运算将四种不同类型的数据存储在了四个变量之中。3 这个整数被存放在了变量 a 之中，所以现在 a 的数据类型是 int。5.6 这个浮点数被放入了变量 b 当中，现在 b 的类型是 float。第三个 ' Welcome ' 是字符串类型。最后的 d 变量是布尔型，这种类型的变量只有两种值，即 True 或者 False。布尔变量常常是关系运算的产物。

贴心提示

凡是包含在 ' ' 内的，都是字符串的内容，即使在 ' ' 内的是数字，也同样被认为是字符串。举一个例子来说明字符串和数字的不同：如果 a=5，b=6，那么 a+b 的结果是 11；如果 a=' 5 '，b=' 6 '，那么 a+b

的结果就变成了 ' 56 ' ,因为字符串的加法就是简单地将两个字符串相连。从这个例子中,希望大家能看到数据类型对于运算的重要性。

3.2　Python 的基本函数和语句

☞Python 编辑器

在上面的例子里,我们用到了 Python Shell 来输入一行代码,并且按下回车来执行这一行代码。这种每次执行一行代码的方式非常适合用于简单地测试每一种语句的作用,然而,当我们的程序越来越复杂,代码行数越来越多,一行一行地去执行代码就变得非常麻烦。为了能够一次性地输入多行代码,并且能在完成程序后依次序自动执行所有代码,我们需要一个新的工具——Python 编辑器(见图 3.3)。在这个编辑器里面,我们可以一次性输入多行代码,并将这一系列代码保存为一个以 py 为扩展名的文件,或者称为一个脚本(script)。Python 编辑器可以让我们方便地编辑、修改和运行脚本文件。创建一个新的脚本文件非常简单,选择菜单中的 File ▶ New File,你会发现 Python Shell 为你创建了一个新的窗口,在这个新创建的脚本里,你可以开始编辑你的第一个 Python 程序。

图 3.3　Python 编辑器

☞第一个 Python 程序

让我们来开始编写我们的第一个 Python 程序。这个程序的作用非常简单，就是显示"Hello，world!"这个句子。为了完成这个任务，创建一个新的脚本（script）文件，并输入以下代码：

```
#this script prints Hello，world!
print('Hello，world!')
```

为了方便解释，我们在一些行的代码前加上数字标识，但实际代码并不包含这些数字标识，加上标识的代码如下：

```
❶#this script prints Hello，world!
❷print('Hello，world!')
```

下面让我们来逐行解释这些代码：

在❶中，开头的"#"号表示该行在"#"号之后出现的文字都是程序员的注释，也就是说这些文字并不是实际的命令，所以计算机发现有"#"号后，会忽略此行之后的内容，并不去执行。对于初学者来说，"#"号之后的注释看似可有可无，然而这些注释有时候是非常重要的。注释的内容可以让程序的阅读者更好地理解程序的创作者的思路，从而更好地理解程序的思路和细节，尤其是大型的复杂的程序。

在❷中，代码运用了 print()函数实现了打印"Hello，world!"的任务。其实函数这个词大家并不陌生，在数学中，如果有一个函数 f(x)，对应每一个 x 参数的值，f(x)会有一个相应的值，也就是说，f(x)根据括号中的 x 的值，执行了相应的运算。在 Python 中，一个函数会告诉 Python 去执行一个指令。在这个例子里，print()函数告诉 Python 去执行一个显示（或者叫作打印）的指令，显示的内容是括号中的内容，括号中的内容叫作参数。值得一提的是，Python 语言本身就自带了很多有用的函数，这其中就包括 print()，这些自带的函数随时都可以为我们所用。

在运行这个程序前，我们需要在 File 选项中选择 Save 或者 Save as，并给这个程序命名，例如 hello.py，选择想要保存文件的文件夹，点击确定保存这个文件。现在我们的第一个程序就这样完成了，我们可以按下 F5 或者选择菜单中的 Run ▶ Run Module 来运行这个程序。程序运行的结果会在 Python Shell 中而不是 Python 编辑器中显示。运行的结果如图 3.4 所示。

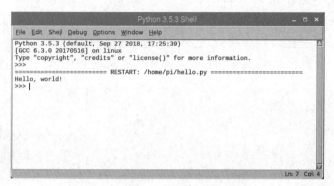

图 3.4 第一个程序运行的结果

动手试一试
让我们来动手修改 print() 函数中的参数,观察程序运行结果的不同。

☞ **来自用户的输入**

祝贺你,你完成了第一个程序的编写,现在你已经是一个 Python 程序员了! 那么接下来你将面临一个新的挑战,帮助学校设计一个程序,当有来访者运行这个程序时,要求来访者填入他们的姓名,然后在屏幕上显示'Hello'以及这个来访者的姓名表示问候。例如,来访者输入的姓名是 Charlie,那么你设计的程序需要显示:Hello,Charlie。

对于 print(),大家现在一定不会陌生了,但是难题出现了,怎样让用户来输入名字呢? 还好 Python 自带了一个 input() 函数,当计算机执行到 input 函数时,会显示括号里面的字符串(通常是提醒用户要输入什么内容的句子),然后暂停并等待用户的输入。当用户输入完毕并按下回车键后,计算机将继续执行接下来的程序。有了 input() 函数,完成这个新的挑战就变得得心应手啦! 让我们来看看范例:

```
username=input( ' What is your name? ' )
Print( ' Hello ' ,username )
```

当保存并执行这个程序时，计算机执行到input（）函数时，会暂停并等待用户的输入，在用户输入完毕后，将输入的字符串用"="号（赋值符号）将所输入的字符串保存在username这个变量（箱子）里。这里需要注意的是，当计算机发现"="号时，会执行它右边的运算，然后再将结果保存到左边的变量内。第二行的打印命令我们已经介绍过，这里的参数不止一个，所以我们要将这两个参数用逗号隔开，计算机会逐个显示括号内参数的内容。

小百科

Input（）函数的用户输入的内容都被认为是字符串，即使用户输入的是数字，例如15，这个数字会被当作字符串' 15 '，而不是数字15。如果要将字符串转换成整数，我们需要用到int（）函数。int（）函数会将括号内的参数转换成整数。当然，也可以用其他函数将字符串转换成其他的数据类型，例如float（）函数可以将括号内的参数转换成浮点数（小数）。

动手试一试

如果我们希望用户输入的是他的年龄，或者身高，这时代码该怎么编写呢？注意：年龄是整数，身高是小数，我们需要用到int（）和float（）函数。

age=int(input(' How old are you? '))

height=float(input(' How tall are you? '))

☞**果断的抉择**

在生活当中，我们常常需要通过对条件的判断来做出决定，例如：如果晴天这个条件符合，那么我们可以出去郊游；如果雨天这个条件符合，那么我们就留在室内活动。Python语言也可以帮助我们通过对不同条件的判断，从而做出不同的选择，这种语句我们称之为if语句。If语句的基本结构如下：

```
if something is true:

    do_something()
elif this is true instead:

    do_something_else()
(...)
```

```
    else:
        do_another_something_else( )
```

让我们来看一个实际的例子。作为一个 Python 工程师,你担负了设计学校选课系统的重任,这个系统会要求同学输入他所在的年级,然后根据这个年级来给出可选择的课程。这个程序需要用户输入所在年级,用到 input( )函数,然后输出可选择的课程,用到 print( )函数。当然,在判断输入年级为哪个年级时,就要用到刚刚介绍的 if 语句。

```
print( ' Course Options for Different Grades ' )
grade=input( ' Please enter your grade: ' )
❶if ( grade== ' Ten ' ):
    ❷print( ' Your course option is Music ' )
❸elif ( grade== ' Eleven ' ):
    print( ' Your course option is Arts ' )
❹elif ( grade== ' Twelve ' ):
    print( ' Your course option is Sports ' )
❺else:
    print( ' Invalid input ' )
```

在❶中,计算机会首先检查 if 语句的括号内的关系表达式,这个关系表达式可能为 True 或者 False,如果计算机发现关系表示式为 True,那么计算机就会执行冒号后的一条或多条语句。在这个例子中,如果❷中的关系表达式为 True,则打印出相应的可选课程,也就是执行❶,并跳过接下来的一系列条件语句,因为计算机已经找到答案,不需要再进行判断,如果❶中的关系表达式为 False,那么计算机不会执行冒号后的语句,而是执行这个 if 语句中的下一个判断语句,也就是❸。

在第一个 if 语句后的 elif 语句是 else if 的缩写,也就是当第一次判断为 False 的时候,再对另一个条件进行一次判断,elif 语句可以有很多条。在❸中,判断 grade 这个变量是否为 Eleven,如果这个关系表达式的结果为 True,那么计算机就会打印出 11 年级的可选课程并忽略其他判断语句,如果为 False,那么计算机将就下一个 elif 语句的条件进行检查。

如果计算机发现❹中的条件表达式依然为 False,那么计算机在检查完所有的表达式之后,将别无选择地执行 else 语句。这里也不难理解,如果这是一个高中选课系统,而用户输入的是 Five,那么这个输入是无效的。

> **动手试一试**
> 让我们来设计一个程序,帮助老师确定运动服的尺码并完成分发,如果学生的身高低于150cm,则选择小号;如果学生的身高介于150cm到160cm之间(包括150cm和160cm),则选择中号;如果学生的身高高于160cm,则选择大号。

☞飞速的循环

前面我们已简单地介绍为什么计算机拥有强大的功能,简单来说,这些强大的功能来自我们人类精巧的计算方法的设计,以及计算机高速的重复运算能力。举个例子,我们来解决一道简单的数学题:1+2+3+⋯+999+1000=?很多同学都知道,如果一步一步来完成这道题目,作为人类,我们需要花上很多时间,我们可以聪明地运用等差数列求和的公式,快速地运算出结果,这个过程可能需要10秒,这已经是我们人类能够做到最好的成绩。然而,现今10秒钟的时间一台普通的计算机都能够轻松完成数百万次的运算,即使运用最愚笨的计算方法来逐个相加,完成这道数学题也只需要快于一眨眼的时间。当然,这里不是鼓励大家都运用简单笨拙的方法来解决问题,尤其是遇到诸如人工智能和大数据之类的问题,计算会变得非常复杂,对于普通计算机可能需要数个月来完成,这个时候,设计精巧的计算方法,或者称之为算法,就变得非常重要。

让我们回到正题,来看看怎样通过 Python 语言控制计算机来完成重复的运算。这里我们介绍两种循环,while 循环和 for 循环。让我们运用这两种语句来完成一个简单的任务:在屏幕上从1打印到20。

首先让我们用 while 循环语句来完成这项任务:

```
number=1
while(number<=20):
    print(number)
    number=number+1
```

Python 程序中,语句的对齐方式是有实际意义的,对齐方式代表了语句的从属的关系。第三条语句和第四条语句都属于 while 循环中的语句。当 while 语句后的条件表达式为 True 时,循环内的语句就会被重复地执行,直到 while 语句后的条件表达式的值变为 False,此时循环结束。如果还有后续语句,计算机会继续执行下面的语句。

同样的任务也可以用 for 循环来完成:

```
number=1
for number in range(1, 21):
    print(number)
    number=number+1
```

for 循环的执行方式和 while 循环略有不同,当 number 这个变量在 1 到 20 这个范围内(注意 21 作为右边界并不包含在范围内),计算机就会执行循环内的语句。每次执行完毕后,range 这个函数会自动地将下一个数值赋予 number 这个变量,直到超出 range 函数指定的范围。和 while 循环相比,for 循环重复执行的次数相对固定,而 while 循环的执行次数则与语句中的关系表达式的布尔变量值有关。很多情况下,for 和 while 循环语句可以互相替换使用,但如果循环有特殊要求时,只能选择使用 while 循环或者 for 循环。

☞ **编程技巧小测试**

通过这一章的学习,我们了解了 Python 语言的基础知识,那么下面我们来通过编写一段程序测试一下同学们对所学基础语句的掌握。在这个简单的程序脚本中,我们会实现一个学校餐厅的点餐系统,这个点餐系统拥有以下功能:

- 显示问候消息
- 显示菜单及单价
- 请用户做出选择
- 记录用户选择菜品
- 将价钱计入总价
- 重复以上动作直到用户选择结束点餐
- 显示用户的点餐结果及总价

在 Python Shell 内选择 File ▶ New File 创建一个新脚本。将下面的代码输入或拷贝到编辑器中（所有源代码都可以到息赛科技网站下载）。

```
❶#Python School Dinning Order System
❷running=True
❸welcome_message= ' ***Welcome to School Dinning Order System*** '
❹print(welcome_message)
    total_cost=0
    order_detail= ' Your order includes '
❺While running:
        print( ' Menu ' )
        print( ' 1=Rice, price is $1 ' )
        print( ' 2=Noodle, price is $2 ' )
        print( ' 3=Beef, price is $4 ' )
        print( ' 4=Chicken, price is $4 ' )
        print( ' 5=Fish, price is $5 ' )
        print( ' 6=Finish ordering and print total cost ' )
        ❻order=int(input( ' Enter a number to choose a dish ' ))
        ❼if order==1:
        print( ' Your choice is rice, cost is $1 ' )
        total_cost=total_cost+1
        order_detail=order_detail+ ' Rice, '
        print(order_detail)
        print( ' Current total cost is ' , total_cost)
        ❽elif order==2:
        print( ' Your choice is noodle, cost is $2 ' )
        total_cost=total_cost+2
        order_detail=order_detail+ ' Noodle, '
        print(order_detail)
        print( ' Current total cost is ' , total_cost)
            ❾elif order==3:
        print( ' Your choice is beef, cost is $4 ' )
```

```
total_cost=total_cost+4
order_detail=order_detail+ ' Beef, '
print（order_detail）
print（ ' Current total cost is ' , total_cost）
elif order==4:
print（ ' Your choice is chicken, cost is $4 ' ）
total_cost=total_cost+4
order_detail=order_detail+ ' Chicken, '
print（order_detail）
print（ ' Current total cost is ' , total_cost）
elif order==5:
print（ ' Your choice is fish, cost is $5 ' ）
total_cost=total_cost+5
order_detail=order_detail+ ' Fish, '
print（order_detail）
print（ ' Current total cost is ' , total_cost）
❿elif order==6:
    print（ ' Your order is done ' ）
    print（order_detail）
    print（ ' Current total cost is ' , total_cost）
    running=False
```

　　让我们来看看这个点餐系统的细节。❶只是程序的一个注释,告诉程序的阅读者这个程序的信息。❷和❸将数值赋予两个变量,并在❹中打印出欢迎消息。while 循环语句❺将会在 running 的值为 True 时一直执行,直到用户选择 6,将 running 的值变为 False 为止。循环开始时,程序会先打印出可以选择的菜品及价格,并且要求用户输入一个选择。用户输入 1 至 6 的选择后,通过 if/elif 语句来判断用户的选择。当用户选择 1 至 5 时,例如❼、❽和❾,首先程序会打印出选择数字所代表的菜品及价格,然后将价格计入总价,并且将所选菜品名称运用字符串的加法记录在一个名为 order_detail 的字符串中。接下来程序会打印出当前总计选择的菜品和当前的总价。如果用户选择6，则⑩中会提示用户点菜程序已经完成，并且打印出点菜的清单和总价，同时将 running 设置为 False，使得 while 循环停止执行。

保存程序后按 F5，程序会在 Shell 中执行，执行结果如下：

思考题

祝贺你完成了一个餐厅点餐系统的编写，虽然系统略显原始，但是功能上和生活中的点餐系统别无二致。那么现在让我们来尝试改进这个程序，让程序变得更加完善。首先，用户输入时可能输入1至6以外的字符，我们需要考虑这个情况，并做出合适的处理。如果用户在点餐时需要多份同一个菜品而不希望重复操作，我们就需要在选择菜品的同时加上一个份数的选择功能。你还可能有其他很多想法，放心大胆地用你的想法来完善这个点餐系统吧！

本章小结

本章对 Python 编程进行了一个基本的介绍，通过对数据类型、条件语句、循环语句和一些实例的学习，我们初步掌握一些 Python 编程的技巧。值得指出的是，Python 编程要远比本章介绍的复杂得多，但没有关系，因为我们学习 Python 编程基础的目的不是让你成为一个编程高手（你当然可以成为编程高手，不过需要更加深入的学习，而是运用编程完成我们接下来的物联网项目学习和实现服务的。在接下来的章节中，我们还会遇到一些新的 Python 语句和数据类型，我们会在用到这些新知识时再和大家介绍，这也诠释了这本书的宗旨，在完成项目中学习编程。

第 4 章

CHAPTER 4

神奇的感知层
——运用信号处理器和传
感器及其他硬件通信

通过前面三章的学习,我们了解了物联网的架构、我们在这门课程中会运用的感知层信号处理器的知识以及 Python 编程基础。从这章开始,我们来动手实践,从感知层开始,每一层通过多个项目的学习,逐层搭建一个完整的物联网系统。我们一定会接触到一些新的软硬件知识,每当我们遇到新的知识点,我们都会逐个击破,所以让我们无所畏惧地开始我们的物联网实践之旅吧。

4.1　项目1:点亮一盏信号灯

在这个项目中,我们会将一个 LED 信号灯通过 GPIO 引脚和树莓派相连,然后通过 Python 编程对 GPIO 引脚进行控制,从而控制 LED 信号灯的状态。这个项目会强化你对电路的了解。虽然这个项目看似很简单,但作为初学者,我们可以从这个项目中初步地了解 GPIO 引脚的控制方式,在未来的物联网项目中,我们可以运用类似的方式来控制例如马达、电灯,甚至是一台电视。

这个项目的知识点包含:

- 了解 GPIO 引脚的功能;
- 了解 LED 信号灯的原理;
- 了解电阻的基础知识;
- 搭建一个简单的电路并且正确指出电流流向;
- 编写 Python 脚本控制 LED 信号灯。

我们所需的材料包含:

- 树莓派；

- 面包电路板；

- 5 毫米 LED 信号灯；

- 330 欧姆电阻；

- 连接导线。

项目搭建完成后的成果如图 4.1 所示。

图 4.1　点亮一盏信号灯项目成果

☞GPIO 引脚小课堂

　　GPIO 是 general purpose input/output 的简称，中文可以翻译为通用型输入输出引脚。顾名思义，GPIO 引脚可以连接我们的信号处理器和外部的电子元器件，例如这里我们会用到的 LED 信号灯，或者其他的传感器。GPIO 引脚可以用来接收来自电子元器件的信息，也可以发送信息给外部的电子元器件，这样你的信号处理器就可以和世界互动互联。我们所用的树莓派 3B+ 型号拥有总计 40 个 GPIO 引脚，如图 4.2 所示，这 40 个引脚分为两排，每排 20 个引脚。

图 4.2　树莓派 3B+ 的 GPIO 引脚

这40个引脚的命名方式有两种,也就是每个引脚可以有两种名字。第一种命名方法非常简单,就是按照引脚的排列,依序命名引脚。下面一排的第一个引脚为1号引脚,上面一排对应的引脚为2号引脚;下面一排第二个引脚为3号引脚,上面一排对应的引脚为4号引脚。重复同样的命名规则直到最右边的引脚,下面一排最右边的引脚为39号引脚,上面一排对应的引脚为40号引脚。这种命名方法比较直观,在搭建电路时,这样称呼每个引脚可以较快地找到正确的引脚。然而这样命名会带来弊端:GPIO引脚不仅在树莓派上运用,在其他设备上也会存在,但是往往相同功能的引脚的排列位置会有所不同。单纯地用位置来命名会给将来操作其他设备带来不必要的麻烦。为了解决这个问题,我们就需要根据GPIO引脚的功能对其进行命名,我们称之为GPIO引脚号,例如GPIO2,GPIO17。这样一来,无论哪种设备,我们只需要知道各个引脚的GPIO号,我们就可以知道其功能。具体的GPIO号分布,如图4.3所示,我们这里不一一去介绍每个引脚的功能,当我们用到某个引脚时,我们会再来详细介绍。

Peripherals	GPIO	Particle	Pin #			Pin #	Particle	GPIO	Peripherals
3.3V			1	X	X	2			5V
I2C	GPIO2	SDA	3	X	X	4			5V
	GPIO3	SCL	5	X	X	6			GND
Digital I/O	GPIO4	D0	7	X	X	8	TX	GPIO14	UART
	GND		9	X	X	10	RX	GPIO15	Serial 1
Digital I/O	GPIO17	D1	11	X	X	12	D9/A0	GPIO18	PWM 1
Digital I/O	GPIO27	D2	13	X	X	14			GND
Digital I/O	GPIO22	D3	15	X	X	16	D10/A1	GPIO23	Digital I/O
3.3V			17	X	X	18	D11/A2	GPIO24	Digital I/O
SPI	GPIO10	MOSI	19	X	X	20			GND
	GPIO9	MISO	21	X	X	22	D12/A3	GPIO25	Digital I/O
	GPIO11	SCK	23	X	X	24	CE0	GPIO8	SPI (chip enable)
	GND		25	X	X	26	CE1	GPIO7	
DO NOT USE	ID_SD	DO NOT USE	27	X	X	28	DO NOT USE	ID_SC	DO NOT USE
Digital I/O	GPIO5	D4	29	X	X	30			GND
Digital I/O	GPIO6	D5	31	X	X	32	D13/A4	GPIO12	Digital I/O
PWM 2	GPIO13	D6	33	X	X	34			GND
PWM 2	GPIO19	D7	35	X	X	36	D14/A5	GPIO16	PWM 1
Digital I/O	GPIO26	D8	37	X	X	38	D15/A6	GPIO20	Digital I/O
	GND		39	X	X	40	D16/A7	GPIO21	Digital I/O

图4.3 树莓派的GPIO引脚号分布

☞LED信号灯简介

LED 是 light-emitting diode(发光二极管)的简称。根据不同的需要,LED有各种尺寸、性状、颜色。LED和普通灯泡的最主要区别在于其单向导电性,也就是说,电流从一个方向可以毫无阻碍地流向另一个方向,然而无法进行相反方向的流动,这个特性主要是因为二极管具有单向导电性。让我们来看一个5毫米LED的图示(见图4.4):

负极(−)

正极(+)

图 4.4　5 毫米 LED

图 4.4 中 LED 的两个接头长度不同,较长的接头我们称之为正引脚,较短的接头我们称之为负引脚,当电流从正引脚流入,负引脚流出,LED 就可以正常发光。我们在连接电路时需要注意到 LED 的单向导电特性,将正负引脚方向连接正确。

☞**电阻元器件**

相信大家对于电阻都不陌生,初中物理课本就有介绍电阻的相关知识,这里不再赘述。我们知道调整电路中的电阻值可以间接地调整电路的工作电流以保障各个元器件正常工作,不至于功率不足或者电流过大。让我们看看现实中的电阻元器件是什么样的(见图4.5):

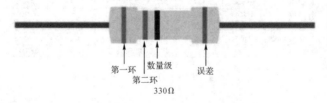

第一环　数量级　误差
第二环
330Ω

图 4.5　电阻元器件

电阻元器件表面的四个条纹代表了其电阻值,不同颜色的条纹代表的数字不同,颜色对应的数值见表4.1:

表 4.1　电阻元器件的颜色代码

颜色	有效数字	数量级	允许误差 /%
银		10^{-2}	±10
金		10^{-1}	±5
黑	0	10^{0}	
棕	1	10^{1}	±1
红	2	10^{2}	±2
橙	3	10^{3}	
黄	4	10^{4}	
绿	5	10^{5}	±0.5
蓝	6	10^{6}	±0.25
紫	7	10^{7}	±0.1
灰	8	10^{8}	±0.05
白	9	10^{9}	
无			±20

以图 4.5 为例，第一个条纹代表第一个数字，因为条纹为橙色，对应的数字是 3；第二个条纹代表第二个数字，因为条纹也为橙色，对应的数字也是 3，那么我们现在得到的数值是 33。第三个条纹代表了一个乘数，这个例子中是棕色，代表的乘数为 10，所以 33 乘以 10 等于 330。所以这个电阻的阻值为 330 欧姆。第四个条纹代表电阻元器件的容错，不同的制造方法阻值的精确度有所区别，我们可以用容错率来区别不同精度的电阻元器件。这个例子中第四个条纹为金色，代表的容错率为 5%。综合四个条纹的信息，这个电阻元器件的阻值是 330±5%。

☞ **"美味"的面包板**

首先需要强调的是，面包板并不能食用，只是一块长方形的塑料板，表面有很多孔洞，这些孔洞被导线以图 4.6 的方式连接。

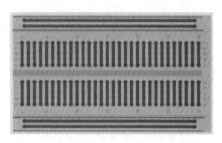

图 4.6　面包板孔洞的导线连接方式

面包板的最上面部分有一条水平蓝线和一条水平红线，对应蓝线的孔洞全部被导线相连，对应红线的孔洞也全部被导线相连。红线所代表的孔洞用来给外部设备提供电源，蓝线所代表的孔洞用来给外部设备接地。最下面部分的蓝线和红线的意义与最上面部分的蓝线和红线的意义相同。垂直的孔洞每五个被导线相连，可以用来连接各种硬件。这里需要指出的是，被导线相连的孔洞都是等价的，连接线插入任何相连的孔洞的效果都是一样的。

可能有同学会提出这样的疑问：为什么不直接将导线相连或者焊接，而是间接地运用面包板来连接，这样岂不是自找麻烦？这是因为当我们按照设计连接好电路后，时常需要修改设计来完善项目原型，这个时候面包板可以给我们带来非常大的便利，因为其改变连接非常方便。

☞电路连接

通过前面的介绍，我们知道了 GPIO 引脚、LED 信号灯、电阻元器件和面包板的基础知识。接下来我们来连接这个简单的电路。如图 4.7 所示。

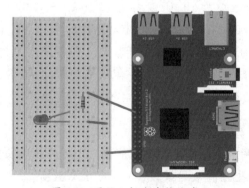

图 4.7　项目 1 电路连接方式

让我们一步一步地连接这个电路：

1. 将面包板上代表接地的蓝线和树莓派上的接地引脚连接,这里我们选择6号引脚。(6,9,14,20,25,30,34和39号引脚都是接地引脚)

2. 将LED信号灯插入面包板。电阻的一个引脚和LED信号灯的正引脚相连,另一个引脚通过导线和22号引脚(也就是GPIO25引脚)相连。这里的GPIO25引脚可以通过Python程序来设置电压。

3. 将LED信号灯的负引脚用导线和蓝色接地线连接。

连接电路时,为了保护树莓派不被损坏,请将树莓派的Raspbian系统关闭,并切断电源。电路连接完毕,确认电路连接正确后,插上电源开启树莓派。

☞**Python控制程序设计**

我们希望设计一个程序,让LED信号灯每5秒改变一次开关状态。这里的开关状态将由调整GPIO25引脚的电压来实现。更详细的控制步骤如下:

- 将GPIO25电压调整为高,LED信号灯被开启,保持此状态5秒;
- 将GPIO25电压调整为低,LED信号灯被关闭,保持此状态5秒;
- 重复以上的过程。

创建一个新的Python脚本文件,输入以下代码:

```
❶from gpiozero import LED
❷from time import sleep
❸led=LED(25)
❹delay=5

❺while True:
    ❻led.on()
        print("LED灯已打开")
    ❼sleep(delay)
    ❽led.off()
        print("LED灯已关闭")
        sleep(delay)
```

让我们来详细解读这段代码,这段代码中包含一些我们没有接触过的语句:

❶和❷导入程序库（importing libraries）：Python作为一种广泛使用的编程语言，在其基础的功能上，有很多计算机工作者为其提供了很多扩展功能，这些扩展的功能保存在程序库文件里，当需要运用这些功能时，首先需要导入所需的程序库，以告知Python接下来的程序会用到这些扩展功能。如果只需要用到程序库的特定函数或对象，可以只导入此函数或对象。❶导入了LED这个对象，通过LED可以控制信号灯所连接的GPIO25引脚。❷从time程序库中导入了sleep函数，这个函数可以让程序暂停一定的时间。

❸通过LED对象括号内的参数25，创建了一个led对象，来控制GPIO25引脚。注意大小写在Python中代表不同的变量。

❹定义了一个delay变量，用于控制程序暂停的时间长度。

❺开启了一个while循环，这个循环的条件表达式为一个常数True，也就是说，这个循环将不停地周而复始。

循环体内执行的语句包含：❻将led所代表的GPIO25引脚的电压调整为高，此时信号灯开启，接下来的print函数在屏幕上打印出提示信息，显示此时的信号灯是打开状态。❼运用sleep函数将程序暂停5秒（delay此前被赋予5这个数值），暂停结束后，❽通过led.off函数将GPIO25引脚的电压关闭，此时信号灯会被关闭。程序再一次被sleep函数暂停5秒。

循环内的语句会被反复执行直到程序被强行关闭。

程序输入完毕后首先保存程序，然后按F5或者进入Run ▶ Run Module来执行程序，你会发现LED信号灯每5秒改变一次开关状态。

思考题

修改电路和程序，加入红、黄、绿三个LED信号灯，模拟交通信号灯，按一定时间顺序开启和关闭不同颜色的信号灯。

4.2 项目2：多功能气象站

在这个项目中，我们将练习使用传感器，制作一个多功能气象站来测量温度、湿度和大气压。为了简化电路的连接，我们将使用树莓派Sense HAT——一个集成了多个传感器和控件的装置。在此之上，我们还会学习制作图形化界面来实时显示所测量的各种数据。

树莓派 Sense HAT 小百科

树莓派 Sense HAT 拥有一组 8×8 的彩色 LED 灯矩阵,一个五向遥杆,一个陀螺仪,一个加速度计,一个磁感计,一个温度传感器,一个湿度传感器,一个气压传感器。它是一个物美价廉的传感器平台,且传感器数据的读取非常方便直观,是一个非常优秀的初学者学习平台。外观如图4.8所示:

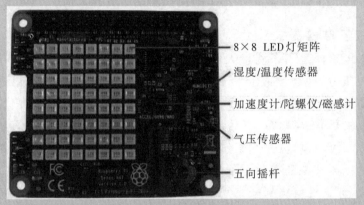

	8×8 LED 灯矩阵
	湿度/温度传感器
	加速度计/陀螺仪/磁感计
	气压传感器
	五向摇杆

图4.8　树莓派 Sense HAT

树莓派 Sense HAT 的安装非常简单,只需要将 Sense HAT 的40个 GPIO 引脚和树莓派上的40个 GPIO 引脚对齐接上即可。首次将 Sense HAT 安装到树莓派上时,彩色 LED 灯矩阵会亮起彩虹色。

☞温度传感器

Sense HAT 的温度传感器顾名思义是用来测量温度的传感器,读数的单位为摄氏度。Sense HAT 的温度传感器的读数往往要比真实温度略高一些,这是因为树莓派在工作时会散发出热量,这些热量会传递到 Sense HAT 上,导致读数略高于实际温度,但这并不影响我们学习使用温度传感器的目的。

☞湿度传感器

什么是湿度? 通常我们所说的湿度有两种表达方式:绝对湿度和相对湿度。在一定的气压和一定的温度条件下,单位体积的空气中能够含有的水蒸气是有极限的，若该体积空气中所含水蒸气超过这个限度，则水蒸气会凝结而产生降水，而该体积空气中实际含有水蒸气的数值，用绝对湿度来表示。水蒸气含量越多，则空气的绝对湿度越高。相对湿度，指空气中水汽压与相同温度下饱和水汽压的百分比，或湿空气的绝对湿度与相同温度下可能达到的最大绝对湿度之比，也可表示为湿空气中水蒸气分压力与相同温度下水的饱和压力之比。

Sense HAT 的湿度传感器测量的是相对湿度，相对湿度更好地体现出空气中水汽的饱和程度，这个特点对于天气的预测更有帮助。

☞ 气压传感器

气压传感器是用来测量大气的压力的传感器，气压是作用在单位面积上的大气压力，即在数值上等于单位面积上向上延伸到大气上界的垂直空气柱所受到的重力。著名的马德堡半球实验证明了它的存在。气压的国际制单位是帕斯卡，简称帕，符号是 Pa。气象学中，人们一般用千帕（kPa）或使用百帕（hPa）作为单位。气压作为一个非常重要的气象预测指数，其变化能够有效地预测气象的变化。通常情况下，当气压升高时，天气会转晴，当气压降低时，坏天气就会到来。气压的变化相对较小，我们需要对气压进行细致入微的观察。

☞ 用 Python 从 Sense HAT 上读取气温、湿度和气压的数值

连接好树莓派和 Sense HAT 并打开电源，在系统启动完毕后打开 Python 3 的 Shell，创建一个新的脚本文件，输入如下代码：

```
#!/usr/bin/python
#-*-coding:UTF-8-*-
❶from sense_hat import SenseHat
    import time import sleep
❷sense=SenseHat()
while True:
❸temperature=sense.temperature
❹temperature=str(round(temperature, 2))
❺print(' 现在的温度为: '+temperature+' 摄氏度\n ')
```

```
humidity=sense.humidity
humidity=str(round(humidity, 2))
print('现在的湿度为: '+humidity+' %\n')
pressure=sense.pressure
pressure=str(round(pressure, 2))
print('现在的气压为: '+pressure+' 百帕\n')
sleep(5)
```

☞**代码理解小助手**

• 这个项目我们需要用到 Sense HAT, 所以在❶中, 我们需要导入 sense_hat 程序库来使用与 Sense HAT 相关的函数和对象。

• 在❷中, 我们用 SenseHat() 来创建一个 Sense HAT 对象, 这个对象的名称为 sense。

• 读取 Sense HAT 的温度、湿度和气压数值非常简便, 以❸为例, 对象 sense 可以用 temperature 函数来读取温度读数, 调用对象的函数只需要在对象变量后加上一个点"."以及函数名称, 即 sense.temperature。同样的方法可以通过 sense.humidity 和 sense.pressure 来读取湿度和气压信息。这条语句有一个容易产生疑问的地方, 就是等号左边和右边同时出现了 temperature 这个词, 然而它们的意义却截然不同。等号左边的 temperature 单独出现时代表一个变量, 或者说是一个容器, 就像编程基础中介绍的那样, 这个变量或者容器可以存储放入其中的数值。等号右边的 temperature 出现在"."后面, 代表是 sense 对象的一个函数, 这个函数的作用是读取 sense 对象的温度数值。还记得我们在程序的最开始导入的程序库吗？如果你进入 sense_hat 程序库打开 Sense Hat 对象文件, 你就会发现 Sense Hat 对象的定义就包含了一个 temperature 函数。

• 通过函数读取的数值会包含小数点后很多位数字, 这些冗长的数字并没有太多意义, 所以在❹中, 我们用 round 函数来按指定的位数对数值进行四舍五入, round 函数括号内第一个参数是需要进行四舍五入的数值, 第二个参数是需要保留小数点后的位数。round(temperature, 2) 即对 temperature 进行四舍五入并保留小数点后的两位数字。值得注意的是, 这里不仅进行了四舍五入，而且用str函数将四舍五入的数字强制转换成了字符串形式，这是为了在打印命令中能够运用字符串的加法来连接字符串。

· ❺中的print命令容易理解，打印的内容由几个字符串连接而成，连接几个字符串只需要用"+"号即可。如果在❹中不将temperature转换为字符串，这里就不能用"+"号来连接，因为数字和字符串属于不同类型的变量，不能直接相加。这里我们还遇到了一个新知识点，就是字符中包含的转义字符：需要在字符中使用特殊字符时，Python用反斜杠（\）转义字符。这里print函数中的最后一个参数中包含' \n '，这个转义字符的意义是进行换行，也就是当这个字符串打印完毕后，光标跳转到下一行。如果没有这个转义字符的话，下一个print函数打印的内容将紧挨着前一个print函数打印的内容出现，这样会给阅读带来很大的不便。还有很多其他的转义字符，详细的介绍见表4.2。

表 4.2　Python 中的转义字符

转义字符	描述
\（在行尾时）	续行符
\\	反斜杠符号
\'	单引号
\"	双引号
\a	响铃
\b	退格（backspace）
\e	转义
\000	空
\n	换行
\v	纵向制表符
\t	横向制表符
\r	回车
\f	换页
\oyy	八进制数，yy代表的字符，例如：\o12代表换行
\xyy	十六进制数，yy代表的字符，例如：\x0a代表换行
\other	其他的字符以普通格式输出

☞**图形界面的设计**

为了向用户更直观地展示程序的功能和结果,一个简洁明了的图形界面必不可少。有了图形界面,用户不必忍受 Python Shell 中不停刷新的满屏幕的数字和字符,可以有效地提升用户的体验。

如图 4.9 所示,这个用户界面包含以下内容:

- 一个可以在桌面显示温度、湿度和气压的窗口;
- 湿度、温度和气压的标题;
- 可以实时显示更新读数的标签(label)。

用户界面中的标题和数值的标签大小、颜色和位置,以及标签中的字符的字体和排列方式都可以通过代码中参数的设置来进行改变。最终的成果如图 4.10 所示:

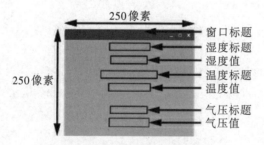

图 4.9 气象站的简洁用户界面

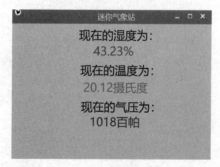

图 4.10 多功能气象站运行时的图形界面

☞**完整脚本的编写**

打开 Python 3 的 Shell,创建一个新的脚本文件,输入以下代码:

```
#!/usr/bin/python
#-*-coding:UTF-8-*-
❶from  tkinter  import  *
  from  tkinter  import  ttk
  import  time
  from  sense_hat  import  SenseHat
  sense=SenseHat( )
❷window=Tk( )
  window.title('迷你气象站')
  window.geometry('250*250')
❸humidity_label=Label(window, text='现在的湿度为:', font=('黑体', 18),
pady=3)
  humidity_label.pack( )
❹humidity=StringVar( )
❺humidity_value=Label(window, textvariable=humidity, font=('黑体', 20),
fg='red', anchor=N, width=250)
  humidity_value.pack( )
❻temperature_label=Label(window, text='现在的温度为:', font=('黑体', 18),
  anchor=S, width=250, height=2)
  temperature_label.pack( )
  temperature=StringVar( )
  temperature_value=Label(window, textvariable=temperature, font=('黑体', 20),
  fg='green', anchor=N, width=250)
  temperature_value.pack( )
❼pressure_label=Label(window, text='现在的气压为:', font=('黑体', 18),
anchor=S, width=200, height=2)
  pressure_label.pack( )
  pressure=StringVar( )
  pressure_value=Label(window, textvariable=pressure, font=('黑体', 20), fg=
  'blue', anchor=N, width=250)
```

```
        pressure_value.pack()
❽def  update_readings():
        humidity.set(str(round(sense.humidity, 2))+'%')
        temperature.set(str(round(sense.temperature, 2))+'摄氏度')
        pressure.set(str(round(sense.pressure))+'百帕')
        window.update_idletasks()
        window.after(5000, update_readings)
❾update_readings()
        window.mainloop()
```

☞代码理解小助手

伴随着一个又一个项目的学习,我们在编写代码方面积累了越来越多的经验,代码的解释部分将着重于首次遇到的代码的解释,对于之前已经学习过的类似代码,解释部分就会简单带过或忽略。

· 这个程序中,我们需要创建图形界面,关于图形界面的程序库tkinter需要被导入。❶中第一个导入命令中,"＊"代表需要导入tkinter库中所有的函数和对象。既然导入了所有的函数和对象,那么程序体的第二个导入命令为什么还要单独导入tkinter库中的ttk对象呢? 其实一般情况下,第二条导入命令确实是多余的,但是对于tkinter这个库来说,库的作者定义"＊"导入的内容为除了ttk对象外的所有内容,所以ttk对象需要被单独导入。大家不需要困惑,这只是一个特例,不会经常遇到。

· ❷通过Tk对象创建了一个窗口对象,并将这个对象赋予window变量。Tk对象的title函数中的字符串参数用来定义窗口的标题,Tk对象中的geometry函数的字符串参数用来定义窗口的尺寸,尺寸的单位是像素。

· 窗口已经创建好了,根据我们的设计,下一步需要将湿度标题和湿度数值添加到创建好的窗口中。为了添加湿度标题,我们需要在窗口中创建一个标签,这个标签的内容就是湿度标题。❸就是实现这个过程的语句,创建Label对象的函数(也就是和Label对象同名的函数,或者称之为构造函数)的参数可以设置标签内容的字体、大小和垂直位置。设置完毕后通过pack函数来显示。

· 湿度标题的内容是不变的,一直都是"humidity",然而湿度值是根据传感器的读数不断变化的，所以❹中将 humidity 变量定义为一个字符串变量对象，这个对象可以在之后通过 set 函数来赋值。

* ❺和❸类似，都是创建一个标签，并显示在窗口中，这里的不同点是，标签的内容不再是一个字符串常量，而是一个在❹中定义的字符串变量对象 humidity。一旦这个字符串变量对象通过 set 函数进行赋值后，这个标签的内容就是当前的变量对象的值，这里指的就是当前湿度的值。

* ❻和❼重复了上面的操作，分别创建了温度和气压的标签，并显示在窗口中。

* 前面的 humidity、temperature 以及 pressure 都是等待设定的字符串变量对象，我们需要用传感器的读数来设定这三个变量，如何读数我们在前面的传感器介绍部分已经详细叙述，这里就不赘述。我们只需要将读数四舍五入后转换成字符串形式，并用 set 函数赋予字符串变量对象即可。❽定义了一个函数，def 关键词代表函数的定义，这个函数的名称叫作 update_readings，冒号后的语句块就是函数的内容。每当我们执行 update_readings 函数，就等于执行了一遍函数的内容语句。如果我们需要执行很多遍类似的语句，定义函数的优点就在于不需要重复地输入同样的语句，而是只需要用函数名调用函数即可。在这个例子中，我们需要重复地读取传感器的数值，通过定义 update_readings 函数，可以大大地简化代码，并增强代码的可读性。

* 在❽定义的 update_readings 函数中，window.update_idletasks（）函数的作用是确保 window 对象的实时更新。window.after（5000，update_readings）函数的作用是将 update_readings 函数以事件的方式加入到 mainloop（）中，并每5000毫秒运行一次。

* ❾为程序的主体，这个程序的主体其实只包含两行，即调用 update_readings（）来调用前面定义的 update_readings 函数和 window.mianloop（）来保持窗口的不断更新。

和之前的项目一样，保存此脚本文件后，按下 F5 或者在菜单中选择 Run ▶ Run Module 即可运行程序。程序开始运行后，你制作的多功能气象站就可以开始它的工作了。

思考题

本章的重点是通过项目的学习来掌握感知层的硬件和传感器的基

本控制,但是制作完成的多功能气象站不仅可以完成本地显示气象信息的工作,而且可以通过网络,作为一个物联网气象平台为更多用户提供气象信息。在老师的指导下,以息赛科技教育物联网平台为管理平台,将数据分享给更多的用户,也可以通过社交媒体对关注者实时地推送气象信息。

本章小结

本章通过 LED 信号控制项目和多功能气象站项目的实践,使我们对物联网感知层进行了更加深入的了解。在实践的过程中,我们学习了信号处理器的应用、电路的搭建、硬件的特征、传感器的特性以及一些进阶的编程技巧。秉持着在做中学的精神,每一项新的技能都是通过在实践中解决问题时掌握,这样极大地加深了掌握新知识的力度。

第

5

章

CHAPTER 5

万物互联的纽带

——网络层

网络层位于物联网四层结构中的第二层,其功能为"传送",即通过通信网络进行信息传输。网络层作为纽带连接着感知层和应用层,它由各种私有网络、互联网、有线和无线通信网等组成,相当于人的神经中枢系统,负责将感知层获取的信息,安全可靠地传输到应用层,然后根据不同的应用需求进行信息处理。网络层是物联网四层架构中不可或缺的一块,如果没有网络层,物联网设备就不能互相通信,就不能实现万物互联,也就自然不能称之为物联网。由于物联网的网络层承担着巨大的数据量,在不同的应用场景下,网络层选择的通信技术也会不同,网络层完成互联通信的方式有很多种,这其中包括:

• 固定网络通信,是指通信终端设备与网络设备之间主要通过电缆或光缆等线路固定连接起来,进而实现用户间相互通信。固定通信和移动通信是相对应的概念,其主要特征是终端的不可移动性或有限移动性,如普通电话机、IP 电话终端、传真机、无绳电话机、联网计算机等电话网和数据网终端设备。

• 低功耗广域无线网络。目前全球电信运营商已经构建了覆盖全球的移动蜂窝网络,然而 2G、3G、4G 等蜂窝网络虽然覆盖距离广,但基于移动蜂窝通信技术的物联网设备有功耗大、成本高等劣势。于是低功耗广域网络应运而生,专为低带宽、低功耗、远距离、大量连接的物联网应用而设计。LPWA 可分为两类:一类是工作于未授权频谱的 LoRa、SigFox 等技术;另一类是工作于授权频谱下,3GPP 支持的 2G、3G、4G 蜂窝通信技术,比如 EC-GSM、LTE Cat-m、NB-IoT 等。

• 无线广域网,主要是为了满足超出一个城市范围的信息交流和网际接入需求，让用户可以和在遥远地方的公众或私人网络建立无线连接。在无线广域网的通信中一般要用到 GSM、GPRS、GPS、CDMA、3G、4G 和 5G 等通信技术。

· 短距离无线网络，通常情况下，通信收发两方利用无线电波进行传输信息，且能够在几十米范围内传输，皆可叫作短距离无线通信，也可称为短距离通信技术。短距离通信技术具备多种共性，即对等性、成本低以及功耗低等。短距离通信技术实质指一般意义上的无线个人网络技术，主要有以下几种标准，如 ZigBee、IrDA 和 RFID 等。短距离通信技术功耗、成本均相对较低，网络铺设简单，便于操作。目前使用较广泛的短距无线通信技术是蓝牙（bluetooth）、无线局域网 802.11（Wi-Fi）和红外数据传输（IrDA）。

在本章中，我们将通过两个项目的实践，对物联网网络层有一个更加深入的了解。

5.1 项目3：气象预报显示器

在这个项目中，我们通过网络从天气预报服务器获取实时更新的气象信息，并显示在 OLED 显示器上。首先让我们来了解这个项目需要用到的设备和软件。

☞有机发光二极管显示器

有机发光二极管（organic light-emitting diode，OLED），和传统的 LCD 相比功能更加全面。OLED 显示器不需要背光来支持显示，在黑暗中对比度更好，同时能耗比 LCD 低得多。这个项目选用的是 SSD1306 型号 OLED 显示器，是一块单色的 0.96 英寸的 128×64 像素的显示器（见图 5.1）。

这块显示器有四个引脚：GND（接地引脚）、VCC（电源引脚）、SCL 引脚和 SDA 引脚。它和树莓派的通信是通过 Inter-Integrated Circuit（I^2C）通信协议完成的。所以 SCL 和 SDA 引脚所连接的

图 5.1　SSD1306 0.96 英寸单色 OLED 显示器

GPIO 引脚需要支持这种通信协议，这两个引脚分别是 GPIO3 号引脚和 GPIO2 号引脚。

I²C通信协议的优势在于一个总线可以支持多个设备，每个连接到总线的设备都有一个独立的地址，主机可以通过该地址来访问不同设备。

☞Openweathermap 应用程序接口（API）

应用程序接口是由程序开发人员设计的一系列函数，这些函数允许任何人获取程序所提供的数据或者服务。例如一些网站允许任何人通过调用函数来获取股票、期货的实时价格信息，又例如这个项目中用到的由开放天气地图项目（https：//openweathermap.org/）提供的API，这个应用程序接口允许我们用各种编程语言来获取天气信息。

学会使用API是一项非常重要的技能，这个技能使得你可以从各种渠道获取不同的数据和服务。通过对这些数据和服务的整合和创新性的应用，你可以开发出自己的独创性服务。Uber（优步）就是一个非常好的例子，这个价值数百亿美元的公司，主要从事互联网共享乘车业务，在创业的初始阶段，它的软件就是由免费的应用程序接口组成的：核心的地图服务、路线规划服务、电子支付服务都是由开放的API来完成。应用程序接口从某个角度讲体现了现代科学技术分享的发展方式，无数的工程师和科学家无私地将他们的劳动成果通过API的方式分享给所有人，同时推动技术的进一步发展。

让我们回到开放天气地图项目的API。为了使用这个API，我们首先需要在OpenWeather网站进行注册，获取一个API的密钥，或者称之为APIID（见图5.2）：

1. 用浏览器登录 https：//openweathermap.org/appid/。
2. 创建一个免费的账户。
3. 进入用户页面后，选择API Keys选项，复制秘钥以备后续使用。

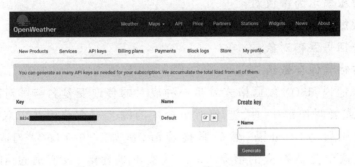

图 5.2　从 Open Weather 获取 API Keys

4. 为了获取某个地点的气象信息，在浏览器的地址栏输入以下格式的链接：

http：//api.openweathermap.org/data/2.5/weather? q=your_city，your_country_code&APPID=your_unique_API_key

链接中的 your_city 和 your_country_code 需要替换为真实的城市和国家代码，例如 Beijing 和 CN。Your_unique_API_key 需要替换为我们之前保存的API 秘钥。这个 API 链接为：

http：//api. openweathermap. org / data / 2.5 / weather? q=Beijing，CN&APPID=88366ac4c93f1cb0----------------

5. 当 OpenWeather 的服务器接收到这个 API 请求时，服务器会以一种特殊的格式来返回天气信息，格式如图 5.3 所示。

{"coord":{"lon":116.39,"lat":39.91},"weather":[{"id":801,"main":"Clouds","description":"few clouds","icon":"02d"}],"base":"stations","main":
{"temp":304.46,"pressure":996,"humidity":48,"temp_min":302.15,"temp_max":307.59},"visibility":10000,"wind":{"speed":1},"clouds":{"all":20},"dt":1559471402,"sys":
{"type":1,"id":9609,"message":0.008,"country":"CN","sunrise":1559422083,"sunset":1559475416},"timezone":28800,"id":1816670,"name":"Beijing","cod":200}

图 5.3　应用程序接口返回的北京天气数据

☞ JSON 数据格式

JSON（JavaScript Object Notation，JS 对象简谱）是一种轻量级的数据交换格式。它基于 ECMAScript（欧洲计算机协会制定的 JS 规范）的一个子集，采用完全独立于编程语言的文本格式来存储和表示数据。简洁和清晰的层次结构使得 JSON 成为理想的数据交换语言。JSON 易于人阅读和编写，同时也易于机器解析和生成，并有效地提升网络传输效率。

JSON 的语法规则包括：

· 对象表示为键值对；

· 数据由逗号分隔；

· 花括号保存对象；

· 方括号保存数组。

简单地说，JSON 数据格式就是一种成对的传递变量名与其对应的数值的格式，或者叫作键/值对，键/值对组合中的键名写在前面并用双引号（""）包裹，使用冒号（：）分隔，然后紧接着值，例如：{"firstName":"Json"}，表示firstName 这个变量对应的值是 Json。其实不难理解，我们通过 API 获取数据,就是希望知道各种不同变量所对应的值,例如风向变量的值、风速变量的值、气温变量的值等等。

图 5.3 中的 JSON 数据显得有些杂乱,我们不妨来梳理一下这些数据并通过更好的方式来呈现:

```json
{
    "coord": {
        "lon": 116.39,
        "lat": 39.91
    },
    "weather": [
        {
            "id": 801,
            "main": "Clouds",
            "description": "few clouds",
            "icon": "02d"
        }
    ],
    "base": "stations",
    "main": {
        "temp": 304.46,
        "pressure": 996,
        "humidity": 48,
        "temp_min": 302.15,
        "temp_max": 307.59
    },
    "visibility": 10000,
    "wind": {
        "speed": 1
    },
```

```
    "clouds": {
        "all": 20
    },
    "dt": 1559471402,
    "sys": {
        "type": 1,
        "id": 9609,
        "message": 0.008,
        "country": "CN",
        "sunrise": 1559422083,
        "sunset": 1559475416
    },
    "timezone": 28800,
    "id": 1816670,
    "name": "Beijing",
    "cod": 200
}
```

这样就显得有条理得多。我们会在后面的段落再具体介绍怎样来获取 JSON 数据中变量所对应的值。

☞ 通过编程来发送 API 请求

之前我们通过浏览器以 http 的形式发送了 API 的请求，那让我们来看看怎样通过编程的方式来发送 API 请求。同样以获取北京的天气为例：

```
❶ import requests
❷ weather_data=
   requests.get('http://api.openweathermap.org/data/2.5/weather?q=Beijing,
   CN&APPID=YourAPPID')
❸ temp_max=weather_data.json().get('main').get('temp_max')
   print(temp_max)
```

由于要使用 Python 发送 API 请求，❶中导入了 requests 程序库。

在❷中，等号右边通过 requests.get（' your_url '）的形式，获取了 JSON 数据信息，并保存在等号左边的 weather_data 变量中。

在❸中，我们试图从 JSON 数据中找到最高温度 temp_max 这个变量对应的值，从上面梳理过的 JSON 数据观察发现，temp_max 这个变量是 main 对象的一部分，所以为了获取 temp_max 对应的值，我们需要首先用 get 函数获取 main 的位置，然后再从 main 对象中用 get 获取 temp_max 的值。当然，为了使用 get 函数，我们需要首先用 json（）函数来声明 weather_data 此时被当作一个 JSON 格式的数据集来对待。形象地说，为了获取一个变量的值，我们需要像剥洋葱一样，由外到内一层一层地到达我们需要查找值的变量。同理为了获得日出时间的值，我们用：

weather_data.json（）.get（' sys '）.get（' sunrise '）

为了获得城市能见度的值，我们输入：

weather_data.json（）.get（' visibility '）

☞电路连接

所有的知识准备完毕后，我们开始连接电路。前面我们已经介绍了 OLED 显示器四个引脚的连接方式，查询 GPIO 引脚的分布后：

- VCC（电源）引脚通过面包板连接树莓派的 3.3V 电源引脚，引脚 1；
- GND（接地）引脚通过面包板连接树莓派的 GND 引脚，引脚 14；
- SCL 引脚直接连接到树莓派的引脚 5；
- SDA 引脚直接连接到树莓派的引脚 3。

具体连接方式如图 5.4 所示。

因为 OLED 显示器和树莓派之间需要用 I²C 通信协议，所以需要设置 I²C 通信协议为 Enable 状态。通过主菜单进

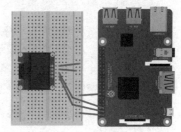

图 5.4　电路的连接方式

入树莓派的设置界面,选择 Interfaces(接口),将 I²C 设置为 Enabled(允许)。如图 5.5 所示。

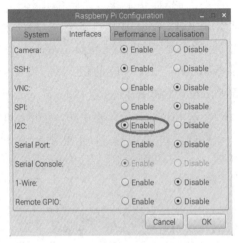

图 5.5　设置 I²C 为 Enabled 状态

同样是因为我们要用到 OLED 显示器 SSD1306,所以我们需要安装支持 SSD1306 的程序包:

• 在桌面创建一个名为 Libraries 的文件夹,在 Terminal 中用命令 cd Desktop/Libraries 进入到这个新建的文件夹中;

• 下载 OLED 的程序包,用如下命令:

```
pi@raspberrypi:~/Desktop/Libraries $ git clone https://github.con/
adafruit/Adafruit_Python_SSD1386.git
```

• 进入到下载的文件夹中,并安装这个程序包

```
cd Adafruit_Python_SSD1306
sudo python3 setup.py install
```

这样我们所需的程序包就安装完毕了。

☞**主程序的编写**

打开 Python 3 的 Shell,创建一个新的空白脚本,输入以下程序:

```
#!/usr/bin/python
#-*-coding:UTF-8-*-
❶from PIL import*
  import time
  import Adafruit_SSD1306
  import requests
❷RST=24
  oled_disp=Adafruit_SSD1306.SSD1306_128_64(rst=RST)
❸open_weather_map_url=' http://api.openweathermap.org/data/2.5/weather?
  q=Beijing, CN&APPID=YourAPPID '
❹oled_disp.begin()
  while True:
  oled_disp.clear()
  oled_disp.display()
  w=oled_disp.width
  h=oled_disp.height
  image=Image.new(' 1 ', (w, h))
  draw=ImageDraw.Draw(image)
  draw.rectangle((0, 0, w, h), outline=0, fill=0)
      toppading=2
  textx=2
  font=ImageFont.load_default()
❺weather_data=requests.get(open_weather_map_url)
❻location=weather_data.json().get(' sys ').get(' country ')+' - '+
  weather_data.json().get(' name ')
  draw.text((textx, toppading), location, font=font, fill=255)
  weather_description=' Weather Description ' +weather_data.json().get
  (' weather ')[0].get(' main ')
  draw.text((textx, toppading+12), weather_description, font=font, fill=255)
  c_temperature=weather_data.json().get(' main ').get(' temp ')-273.15
```

```
temperature_info= ' Temperature ' +str(c_temperature)+ ' C '
draw.text((textx, toppading+24), temperature_info, font=font, fill=255)
pressure_info= ' Presssure ' +str(weather_data.json().get( ' main ' ).
get( ' pressure ' ))+ ' hPa '
draw.text((textx, toppading+36), pressure_info, font=font, fill=255)
humidity_info= ' Humidity ' +str(weather_data.json().get( ' main ' ).
get( ' humidity ' ))+ ' % '
draw.text((textx, toppading+48), humidity_info, font=font, fill=255)
wind_info= ' Wind ' +str(weather_data.json().get( ' wind ' ).get
( ' speed ' ))+ ' mps ' +str(weather_data.json().get( ' wind ' ).get
( ' deg ' ))+ ' degree '
draw.text((textx, toppading+60), wind_info, font=font, fill=255)
❼oled_disp.image(image)
oled_disp.display()
time.sleep(25)
```

☞代码解释小课堂

- ❶中导入了一些需要用到的程序库。

- 在❷中,虽然我们使用的 OLED 显示器没有重置 reset 引脚,我们依然设置 reset 引脚为 24,这里指的是 GPIO24 号引脚。

- ❸中的 open_weather_map_url 变量中保存 API 的地址。

- ❹将显示器进行初始化,准备在显示器上进行内容的显示。

在 while 循环中,生产显示信息的每一步都有详细的注释,❺和❻运用前面介绍的 API 发送请求的知识,获得 JSON 格式的天气信息数据。

- ❼中,通过 disp.image() 函数在显示器上显示图像。

思考题

搜索获取股票信息的 API,通过网络获取实时的股票信息,每 10 秒更新一次,将信息显示在 OLED 显示器上。

5.2 项目4：轻声细语来沟通

实现万物互联，网络是其中不可或缺的一环，正如本章开头所介绍的，各种各样的通信方式，例如 WiMAX、Wi-Fi、TDMA、CDMA、5G、蓝牙、AdHoc 以及其他的有线通信方式等，将数以亿计的物联网设备连接在一起。换个角度来看这个问题，为什么我们需要这么多种不同的通信协议？主要的原因是在不同的场景中，对于通信模式的要求不一样，这里的要求包括设备要求、带宽、覆盖范围、功耗、稳定性等。

试想在一个战场环境中，士兵被空投到远离母国的陌生地域展开战斗。在现代战争环境中，信息的传递对战争的胜负有着决定性的作用，所以让士兵和士兵之间进行互联互通就显得尤为重要。这种环境下士兵之间的通信有什么特殊的要求呢？首先，士兵因为身处异国，没有强大的硬件基础设施的支持，也没有办法携带大型通信设备，所以需要小巧轻便的通信设备。第二个要求同样是因为身处异地，电源不容易获得，为了保持长时间的通信，通信设备的功耗要低。第三，因为士兵的移动不是沿着固定路线，士兵的分布相对随机，所以由士兵组成的网络需要非常灵活。除了这三个条件，当然还有很多其他的考量，例如安全、可靠性、带宽等。所以学会不同通信协议的应用就显得尤为重要。

在这个项目中，我们会学习应用一种名为 ZigBee 的无线通信协议，ZigBee 技术是一种近距离、低复杂度、低功耗、低速率、低成本的双向无线通信技术。主要用于距离短、功耗低且传输速率不高的各种电子设备之间进行数据传输以及典型的有周期性数据、间歇性数据和低反应时间数据传输的应用。典型的 ZigBee 通信模块及尺寸比较如图 5.6 所示。

图 5.6 典型的 ZigBee 通信模块及尺寸比较

这项技术的命名非常有趣：当蜜蜂发现花丛时，它们会通过一种特殊的舞蹈来告知伙伴发现食物的信息和食物的位置，这种舞蹈动作被称为ZigZag，这是蜜蜂之间通信的一种简单方式，技术人员借用这种蜜蜂间的通信方式命名这个通信协议为ZigBee。ZigBee是由可多到65535个无线数传模块组成的无线数传网络平台，在整个网络范围内，每一个ZigBee网络数传模块之间可以相互通信，每个网络节点间的距离可以从标准的75m无限扩展。与移动通信的CDMA网或GSM网不同的是，ZigBee网络主要是为工业现场自动化控制数据传输而建立，因而，它必须具有简单、使用方便、工作可靠、价格低的特点。而移动通信网主要是为语音通信而建立，每个基站价值一般都在百万元人民币以上，而每个ZigBee"基站"却不到1000元人民币。每个ZigBee网络节点不仅本身可以作为监控对象，例如其所连接的传感器直接进行数据采集和监控，还可以自动中转别的网络节点传过来的数据资料。

☞ZigBee 的技术特点

ZigBee 有以下的技术特点：

• 低功耗：ZigBee设备仅靠两节5号电池就可以维持长达6个月到2年左右的使用时间，这是其他无线设备望尘莫及的。

• 低成本：ZigBee模块的初始成本在40元人民币，估计很快就能降到10到15元人民币。

• 时延短：通信时延和从休眠状态激活的时延都非常短，典型的搜索设备时延30ms，休眠激活的时延是15ms，活动设备信道接入的时延为15ms。因此ZigBee技术适用于对时延要求苛刻的无线控制（如工业控制场合等）应用。

• 网络容量大：一个星型结构的Zigbee网络最多可以容纳254个从设备和一个主设备，一个区域内可以同时存在最多100个ZigBee网络，而且网络组成灵活。

• 可靠：采取了碰撞避免策略，同时为需要固定带宽的通信业务预留了专用时隙，避开了发送数据的竞争和冲突。MAC层采用了完全确认的数据传输模式，每个发送的数据包都必须等待接收方的确认信息。如果传输过程中出现问题可以进行重发。

• 安全：ZigBee提供了基于循环冗余校验（CRC）的数据包完整性检查功

能,支持鉴权和认证,采用了 AES-128 的加密算法。各个应用可以灵活确定其安全属性。

ZigBee 网络不同的拓扑结构如图 5.7 所示。

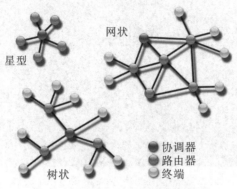

图 5.7　ZigBee 网络不同的拓扑结构

☞**项目目标**

为一台树莓派和一台电脑各连接一个 ZigBee 模块,设置并编写 Python 程序,实现通过 ZigBee 进行简单通信。

☞**设备连接**

这个项目的设备连接较简单。将 XBee 无线数据传输模块的引脚和 XBee 适配器的插口对齐并插好。如图 5.8 所示,左半部分为 XBee 无线数据传输模块,自身带有收发天线。右半部分为 XBee 适配器,适配器通过 USB 将 XBee 模块和树莓派或计算机连接。

图 5.8　XBee 无线数据模块、XBee 适配器及树莓派的连接

为了确认 ZigBee 设备和树莓派连接成功,在 Terminal 中输入 lsusb 命令,如果连接成功,会查找到通过 USB 连接的 ZigBee 设备。如图 5.9 所示。

图 5.9　通过 lsusb 命令来查找 ZigBee 设备

☞软件设置

首先我们需要设置两个 ZigBee 模块的波特率(Baud　rate),使两个模块的波特率能够匹配(例如都设置为 9600)。设置的方法为在 X-CTU 软件中选择 Baud　rate 选项,并修改数值为 9600,如图 5.10 所示。X-CTU 软件有 Linux 和 Windows 版,所以我们所用的树莓派和计算机都可以下载并安装。

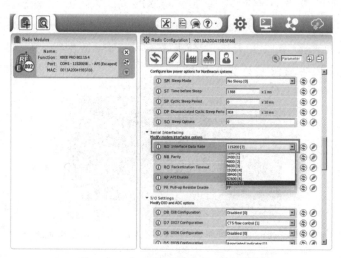

图 5.10　用 X-CTU 软件设置波特率

为了让计算机的 USB 接口能实现串口通信(串口通信是指外部设备和

计算机间,通过数据信号线、地线、控制线等,按位进行传输数据的一种通信方式)的功能,需要为计算机装上 FTDI 驱动器,下载并安装这个驱动,重启电脑后在设备管理器中会发现增加了一个 USB Serial Port 通信接口。为了能够实时监控并接收来自树莓派的信息,计算机上还需要安装一个软件HyperTerminal,软件下载安装过程简单,只需要设置波特率即可工作。

☞**程度及调试**

Python 脚本程序如下:

```
❶import serial

 # Enable USB Communication
❷ser=serial.Serial('/dev/ttyUSB0', 9600, timeout=.5)

❸while True:
     # write a data
     ser.write('Hello User\r\n')
     incoming=er.readline().strip()
     print('Received Data: '+incoming)
```

因为 ZigBee 设备是通过串口方式和树莓派进行通信,所以在❶中需要导入 serial(串口)的程序库。这样通过❷就可以建立一个和 ZigBee 所连接的串口的对象,后续的读和写信息都是通过对这个对象的操作来完成的。while 循环❸用来不断地生成并发送信息,同时也监听并读取信息。保存并执行这个程序,运行结果如图 5.11 所示:

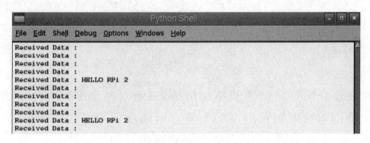

图 5.11　树莓派通过 ZigBee 收发信息

在计算机上打开之前安装的 HyperTerminal 软件,设置波特率并开始监听,也会收到来自树莓派的信息,如图 5.12 所示。

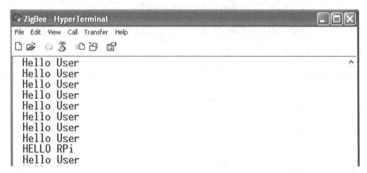

图 5.12　计算机中 HyperTerminal 监听 ZigBee 信息

当然我们也可以直接通过两个树莓派来进行通信,这样就不用对计算机进行设置。这个项目选择树莓派和计算机进行通信主要是为了显示通信协议的兼容性。实际生活中的物联网设备的设计多种多样,为了实现所有设备间的通信,兼容性是一个非常重要的考量。

> **思考题**
>
> ZigBee 通信并不只是简单的点对点通信,它还具有自动灵活组网的功能,也就是当设备 A 需要和设备 B 通信但设备 B 并不在设备 A 的覆盖范围时,ZigBee 协议可以设计以其他 ZigBee 设备为中转,间接地将信息通过设备 A 发送到设备 B。这样的功能有利于移动设备的大范围组网。
>
> 在老师的帮助下,将班级中所有的设备组网,并在开阔的场地进行移动测试,测试 ZigBee 的自动组网功能,并根据数据分析其优缺点。

本章小结

本章着重介绍物联网构架中的网络层,通过两个和网络层有关的项目来加深同学们对物联网网络层的了解。网络层作为物联网的核心,随着通信技术条件的不断发展,给物联网设备带来了无限的可能性。

第 6 章

CHAPTER 6

物联网的大脑
——管理层

物联网的管理层是物联网系统的"幕后"英雄。我们每天都可以接触到各种物联网设备,这些设备大多属于物联网的感知层;我们每天都在使用各种网络,深刻地体会到网络给我们的生活带来的便利,这些网络都可以作为互联网的网络层来连接万物;我们时常关注到媒体报道物联网的发展,提到很多重要概念,诸如智慧城市、智慧工业和智能家居,让这些应用层的概念深入人心。然而,我们对物联网的管理层鲜有耳闻,那么什么是物联网的管理层,它的作用是什么? 它是怎样工作的? 它的重要性如何?

感知层负责搜集海量的信息,由网络层负责传输这些数据。很显然,这两层所完成的任务虽然非常重要,但是并不具备我们印象中物联网的"智能"。智能的概念着重对于搜集到的海量数据进行处理和做出反馈,管理层就是在扮演这个角色:它负责决定数据如何存储、如何检索、如何使用、如何不被滥用等。管理层主要由数据库、海量存储技术、搜索引擎、数据挖掘、机器学习、数据安全与隐私保护等组成。它要完成的任务就是分析和处理数据,得到有效而简单的结果。管理层包含的技术相当广泛。这些技术包含但不限于以下几个方面:

☞ 数据库

我们都在享受着网络带来的便利,网络使得各种物联网设备能够轻松地将所收集到的数据传输出去。然而很多时候我们忽略了一个问题,数以亿计的物联网设备产生的海量的数据应该怎么被分类、安全地保存和快速地查找? 这个艰难的任务就是由数据库来完成的。数据库的设计需要满足物联网数据的很多特性,例如海量性、多态性、关联性。海量性不难理解,大量的设备产生的数据属于需要用 TB 这样的单位来计数,需要注意的是国家图书馆的总数据量已经超过 1000TB。多态性也是数据复杂性的来源之一,接入物联网的设备多种多样,产生诸如温度、湿度、光照、风力、时间、地点等等类型丰富的数据。关联性也是物联网数据的重要特征之一。数据间在时间上有关联性,在空间上有关联性,在不同维度上也有关联性,这些关联性使得数据之间的关系错综复杂。

☞海量数据存储

如此海量的数据的存储需要考虑很多方面,例如可靠性、经济性、安全性。主要的存储方式有三种:直接存储、网络存储和区域网络存储。无论哪一种存储方式都要用到各种存储介质和存储接口等多方面的技术。海量数据的存储催生了数以百万计的存储实体,这其中包括本地存储服务器和网络存储服务器,这个存储实体需要数以万计的大型数据中心来进行管理。

☞数据的搜索

搜索引擎通过 Web 爬虫来获取网站的信息,并形成索引,供用户来快速检索。物联网设备生成的海量信息也给服务于传统网页的搜索引擎带来了巨大的挑战。新一代的搜索引擎需要针对各种物联网设备进行优化,能够主动识别物体并提取其有用的信息,使它们具有联合性,为用户提供更好的体验,同时物联网设备的加入,搜索引擎的查询结果会更加精准和智能,满足不同用户的定制化需求。

☞数据挖掘

大量的数据既是挑战也是机遇,通过对大量数据的分析处理,可以获取很多少量数据无法获得的信息。数据挖掘使我们在大量看似没有规律的数据中获得有效信息,从而能够帮助我们做出准确判断。

☞信息安全

信息安全在信息爆炸的时代显得十分重要,尤其伴随物联网的发展而带来的大量个人隐私数据,例如个人位置信息、身份信息等,急需安全技术的保障。其中RFID(无线射频识别)标签的安全隐患尤为突出。RFID是一种广泛运用的低成本感知器,日常用到的门禁卡、身份证、银行卡、商品防盗标签等近距离接触式设备运用的都是RFID技术。为了有效地保护这些设备中存储的隐私信息,人们发明了例如法拉第网罩(信号屏蔽器)、主动干扰、阻止标签等技术。

在这一章中,我们将会进行两个项目的学习,学会怎样使用物联网的管理层平台对物联网设备获得的信息进行管理,并展示给用户。

6.1 项目5:绿色盒子

随着科技的进步和经济的发展,环境污染成了一个全球范围内的热点议题,尤其是在大型都会区。环境污染问题深刻地影响着社会和经济发展的方方面面,我们绝对不能忽视它。根据美国环保署的报告,空气质量指数(AQI)在301和500之间时,空气质量被判定为有害,意味着人类应该减少户外活动。世界卫生组织认定当空气质量指数超过500时,空气中的颗粒物(也就是我们熟知的particulate matter,PM)的数量超过人类能够安全呼吸的20倍之多。然而世界范围内,很多城市承受着由于高速经济发展带来的高空气质量指数。噪声污染同样是一种非常严重的环境问题。很多研究表明,长期暴露在噪声下的工作人员患心血管疾病的概率大大增加,5至30年的高噪声工作会导致高血压。

面对问题才能解决问题,如果我们能够实时地监测周围的环境污染,形成一个监测网络,并将实时数据分享给周围的人,这样既能够提高大众的环保意识,也能够为改善环境提供重要的大数据依据。在这个项目中,我们会利用感知层收集各种环境数据,通过网络层传输到物联网的大脑——管理层,进行处理和展示,集合所有同学完成的物联网绿色盒子,形成一个简单的应用层体系。这里我们运用的管理层是息赛科技的物联网平台。

这个绿色盒子,将通过如图6.1所示的物联网设计,收集包括温度、湿度、PM2.5、PM10、二氧化碳浓度、臭氧浓度、噪声分贝数等数据。

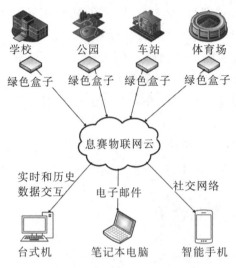

图 6.1　绿色盒子的架构设计

感知层由放置在各个位置的控制器(树莓派)和传感器组成,通过网络层的 Wi-Fi、有线连接、蜂窝数据连接,将数据通过特定信道发送到息赛科技物联网平台进行处理和展示,台式机、笔记本电脑、手持移动设备可以通过互联网访问处理后的实时与历史数据展示。绿色盒子所收集的数据不仅可以提供给大众进行参考,也可以接入智慧城市系统,为城市管理层进行有效管理提供依据。

☞ 感知层传感器

DHT11 数字温湿度传感器:它是一款含有已校准数字信号输出的温湿度复合传感器,它应用专用的数字模块采集技术和温湿度传感技术,确保产品具有极高的可靠性和卓越的长期稳定性。传感器包括一个电阻式感湿元件和一个 NTC 测温元件,并与一个高性能 8 位单片机相连接。因此该产品具有品质卓越、响应超快、抗干扰能力强、性价比极高等优点。每个 DHT11 传感器都在极为精确的湿度校验室中进行校准。校准系数以程序的形式存在 OTP 内存中,传感器内部在检测信号的处理过程中要调用这些校准系数。单线制串行接口,使系统集成变得简易快捷。超小的体积、极低的功耗,使其成为该类应用中,在苛刻应用场合的最佳选择。产品为 4 针单排引脚封装,连接方便,如图 6.2 所示。

PPD42NS 粉尘传感器:它是基于与粒子计数器相同的光散乱原理,通过采用独特的检测方法,将检测到的相当于单位体积内粒子的绝对个数作为脉冲信号输出。PPD42NS可以感知香烟产生的烟气颗粒;可检测10微米以上(PM10)或2.5微米以上(PM2.5)两种阈值的微小粒子。PPD42NS具有体积小、重量轻、便于安装、保养简单等特点,可以长期保持传感器的特性。它使用5V的输入电路,便于信号处理,同时内藏气流发生器,可以自行吸引外部大气。如图6.3所示。

图6.2　DHT11温湿度传感器

图6.3　粉尘传感器

COZIR二氧化碳传感器:COZIR传感器仅消耗3.5mW,在连续操作中,功耗仅为标准的NDIR传感器功率的五十分之一。COZIR传感器由于其功耗极低,预热时间短,可以被集成到各种系统中,从而对二氧化碳浓度水平进行经济的实时监测。如图6.4所示。

MQ131臭氧传感器:臭氧传感器所使用的气敏材料是在清洁空气中电导率较低的二氧化锡(SnO_2)。当传感器所处环境中存在臭氧气体时,传感器的电导率随空气中臭氧气体浓度的增加而增大。使用简单的电路即可将电导率的变化转换为与该气体浓度相对应的输出信号。MQ131臭氧传感器对臭氧的灵敏度高,对氯气、二氧化氮等强氧化性气体也有一定的灵敏度,对有机干扰气体向与臭氧相反的方向反应。如图6.5所示。

图6.4　二氧化碳传感器

图6.5　MQ131臭氧传感器

噪声传感器（noise transducer）：噪声传感器通过LM386放大器加强介质麦克风产生的电信号。接通电源后，SIG引脚就会输出LM386编译的信号，通过电位计可以调整信号增益。如图6.6所示。

模数转换器（ADC converter）：这个模块将其他传感器测量的模拟信号转换为数字信号，再将转换好的数字信号发送到树莓派中。如图6.7所示。

图6.6 噪声传感器

图6.7 PCF8591模数转换器

☞**电路连接**

在老师的指导下，按照图6.8所示的电路连接示意图连接电路。

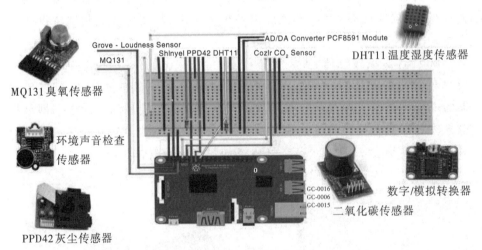
图6.8 电路连接示意图

☞**通过编程将数据发送到物联网平台**

在前面的项目中，我们用到API从网络的数据服务器中获取天气数据，在这个项目中，我们会运用息赛科技物联网管理平台提供的API将感知层收集到的数据上传至管理层。

程序如下：

```
❶ import lpo
   import pigpio,math
   import time,sys
   import Adafruit_DHT
   from time import strftime
   import httplib,urllib
   import urllib2
   import os
   import smbus
   import serial
❷ myAPI='Q2CYAO----------'
❸ if__name__=="__main__":

       pi=pigpio.pi()#Connect to Pi.
       multiplier=10#20% sensors requires a multiplier
❹ # connecting to serial for Carbon Dioxide(C02)Cozir Sensor
       ser=serial.Serial("/dev/ttyS0")

❺ # Pi pins Configurations
       dustPIN1=17#2.5microns
       dustPIN2=27#10microns
       tempTYPE=11#DHT11
       tempPIN=23

❻ # Dust configuration
       s1=lpo.sensor(pi,dustPIN1)
       s2=lpo.sensor(pi,dustPIN2)
       print 'Starting.....'
       time.sleep(1)
       print 'Serial Connected!'
```

```
        time.sleep(1)
        print'SHINYEI PPD42...Dust Sensor Ready'
        time.sleep(1)
        print 'MQ131...Ozone O3... Sensor Ready'
        time.sleep(1)
        print 'Cozir...Carbon Dioxide CO2...Sensor Ready'
        time.sleep(1)
        print'Grove Loudness...Sound...Sensor Ready'
        time.sleep(1)
        print'DHT11...Temperature...Humidity...Sensor Ready'
        time.sleep(1)
❼ # Get I2C bus
        bus=smbus.SMBus(1)
        data=bus.read_i2c_block_data(0x50,0x00,2)

❽ # CO2 configuration
        ser.write("M 4\r\n")
        ser.write("K 2\r\n")
        ser.flushInput()

❾ # Sound Configuration
        address=0x48
        A0=0X40
        A1=0x41
        A2=0x42
        A3=0x43
        #bus=smbus.SMBus(1)  # && O3 config
        sensitivity=-48 #dB
        Ratio=(-48/20)
        VoltageIn=3.3 #volts
        rms=math.pow(10,Ratio)  #V RMS/Pa reference level
```

```
        spl=94 #dB   sound at 1Pa（pressure）
        VoltageG=26 #dB voltage gain
```

❿# Connecting to CSAI cloud

```
        baseURL='https://api.CSAI.com/update?api_key=%s' % myAPI
        print baseURL

        with open（"Green_Box_Data.csv","a"）as log:

        while True:

            time.sleep（30）# Use 30 for a properly calibrated reading.
```

⓫# dust collector

```
            g,r,c=s1.read（）#2.5 microns
            g,r,c1=s2.read（）#10 microns
```

    # Convert to SI units

```
            concentration25_ugm3=s1.pcs_to_ugm3（int（c））[0]
            concentration10_ugm3=s2.pcs_to_ugm3（int（c1））[0]
```

    # Convert the data to 12-bits

```
            raw_adc=（data[0] & 0x0F）*256+data[1]
            o3=（1.99 * raw_adc）/4096.0+0.01
```

⓬# CO2 collector

```
                ser.write（"Z\r\n"）
            time.sleep（0.1）
            resp=ser.read（10）
            resp=resp[:8]
            co2=float（resp[2:]）  #print "CO2="+str（CO2）
            CO2=co2 * multiplier
```

⓭# Sound collector

```
            bus.write_byte（address,A0）
            ADCvalue=bus.read_byte（address）
```

```
# Initial voltage to which the PCF8591 is receiving is 3.3 Coverting
# the ratio of VoltageOut and Voltage mutliplied by 20 and log of
# base 10 to decimal
    if ADCvalue==0:

        print("Error")
        pass
    else:
        VoltageOut=ADCvalue*VoltageIn/255
        Sound=sensitivity+20*(math.log10(VoltageOut/rms))+spl-VoltageG
```

⑭# temperature and humidity collector

```
    humidity,temperature=Adafruit_DHT.read_retry(tempTYPE,tempPIN)
    print("conc1={};conc2={};Ozone={};C02={};Sound={};TempF=
{},Hum={}".format(concentration25_ugm3,concentration10_ugm3,o3,CO2,
Sound,tempF,humidity))log.write("{0},{1},{2},{3},{4},{5},{6},{7}\n".
format(strftime("%Y-%m-%d%H:%M:%S"),concentration25_ugm3,
concentration 10_ugm3,o3,CO2,Sound,str(tempF),str(humidity)))
```

⑮#IoT parameters

```
    try:
    f=urllib2.urlopen(baseURL+"&field1=%s&field2=%s&field3=%
s&field4=%s&field5=%s&field6=%s&field7=%s"%
(concentration25_ugm3,concentration10_ugm3,o3,CO2,Sound,
tempF,humidity))
        #print f.read()
        f.close()

    except:
    print "connection failed"

pi.stop() # Disconnect from Pi.
```

☞代码分析小助手

- 通过❶导入各种传感器所需要的程序库；
- 登录息赛科技物联网平台，注册并获取 API Key，❷将 API Key 保存在 myAPI 变量中，上传数据时需要使用 myAPI；
- ❸至❾根据各种传感器的特性进行设置；
- ❿通过 API 及 API Key 和息赛物联网云进行连接，准备数据传输；
- ⓫至⓮通过传感器收集各种环境数据；
- ⓯运用 CSAI 物联网平台的 API 将数据上传。

保存脚本后，按 F5 或者在菜单中选择 Run ▶ Run Module 来运行程序。

☞数据展示

当绿色盒子的程序开始运行后，任何用户都可以通过登录息赛物联网平台，输入信道号码，浏览各种环境数据，同时多个绿色盒子将组成监测网络，将布置在各个地点的环境数据收集保存在物联网平台上供后续数据挖掘分析使用。如图 6.9 所示。

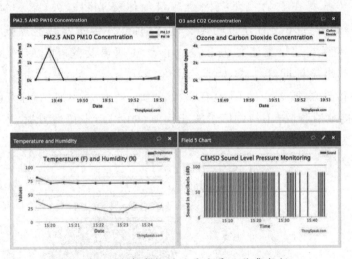

图 6.9 通过息赛物联网平台展示收集数据

> **思考题**
>
> 将多个绿色盒子布置在各个地点，通过物联网平台来收集环境数据，在老师的指导下，下载并分析环境数据。

6.2　项目6：入侵者警报

除了应用像CSAI物联网管理平台这样的专业物联网管理层平台进行数据的收集和传输，我们也可以运用其他互联网服务来完成对用户的数据传输和展示。在这个项目中，我们运用互联网广泛使用的电子邮件服务，来对用户进行数据传输和展示。类似地，我们还可以选择社交网络，例如微信、微博等进行数据的传输和展示。

入侵者警报项目运用红外传感器(PIR motion sensor)，对运动的物体进行探测，当探测到移动物体时，系统通过电子邮件向用户发出警报。

☞红外传感器

红外传感器在日常生活中已经广泛地得到运用，感应式路灯就是这样一个例子，当无人时，路灯自动关闭，当行人经过时，红外传感器探测到行人，并打开灯光，这样在很大程度上节约了能源。

红外传感器在它的视角范围内测量物体释放的红外线。当物体移动时，物体释放的红外线的分布就会变化，此时红外传感器就能捕捉到这种变化。红外传感器是检测诸如人和动物移动的理想设备，因为有生命的物体大多会释放出热量即红外线。

红外传感器如图6.10所示有三个引脚，两侧的引脚分别为电源引脚(VCC)和接地引脚(GND)，中间的输出引脚(OUT)用来传递数据，当数据传输引脚状态为HIGH时，表示探测到移动，当数据传输引脚为LOW时，表示没有探测到移动物体。

图6.10　红外传感器

☞用 Python 发送电子邮件

电子邮件在过去的十年里逐渐取代普通信件成为人们日常沟通的一种非常重要的方式,通过网页和 APP 来收发邮件是最常用的方法。这个项目中,我们希望通过 Python 编程来自动发送邮件,虽然看似和用网页或 APP 发送邮件有所不同,但本质上的过程是一样的。

发送邮件和寄送信件很类似,首先编辑邮件内容,然后和邮件服务器确认自己的身份,确认身份后将邮件发送至邮件服务器,邮件服务器接收到邮件后将邮件发送给收件人。这一系列的沟通有一个标准的方式,我们称之为简单邮件传输协议(simple mail transfer protocol,SMTP)。简单邮件传输协议是一个 Internet 标准的电子邮件跨越互联网传输的协议。为了确保邮件的安全传递,我们会运用传输层加密协议(transport layer security,TLS)。

让我们用一个实例来看看怎样使用 Python 发送邮件:

```
❶ import smtplib
  from email.mime.text import MIMEText
❷ sender_email_addr='YOUR_QQ@qq.com'
  sender_email_password='YOUR_QQ_PASSWORD'
    receiver_email_addr='receiver_email@anyemail.com'
❸ email_content='警报触发'
  msg=MIMEText(email_content,'plain','utf-8')
  msg['From']=sender_email_addr
  msg['To']=receiver_email_addr
  msg['Subject']='Alert'
❹ server=smtplib.SMTP('smtp.qq.com',465)
❺ server.starttls()
❻ server.login(sender_email_addr,sender_email_password)
  server.sendmail(sender_email_addr,receiver_email_addr,msg.as_string())
  server.quit()
  print('Email Sent')
```

· 在❶中导入发送邮件所需的数据库。
· 在❷中将发送人的邮件地址和密码,以及收件人的邮件地址保存至

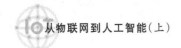

三个变量中。

· ❸运用导入的程序库,创建一个 msg 对象,通过对这个对象的操作来设置邮件的发送者、收件者和内容。

· 在网络上查询所用的邮件服务器的详细信息,例如地址和端口号,在❹中定义一个 SMTP 邮件服务器的对象,server。

· ❺启用服务器对象的传输安全协议。

· ❻登录到服务器并发送邮件,最后退出邮件服务器。

保存并运行这个脚本,收件人就会收到一个标题为 Alert,内容为 Motion Detected 的邮件。

☞**电路连接**

按照图 6.11 的示意图进行电路连接:

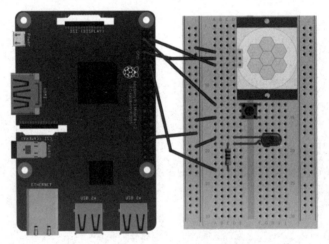

图 6.11　电路连接示意图

· 红外传感器的接地引脚通过导线和面包板的蓝色接地插口连接,电源引脚连接到树莓派 4 号引脚,中间的数据引脚连接到树莓派的 7 号引脚。

· 按钮的一个引脚连接到蓝色接地插口,另一个引脚连接到树莓派 3 号引脚。

· 绿色的 LED 灯的正引脚通过一个 330Ω 的电阻连接到树莓派的 12 号引脚,另一个引脚和面包板上的蓝色接地插口连接。

☞**程序编写**

打开 Python 3,创建一个新的脚本,并输入以下代码:

```
❶from gpiozero import LED,Button,MotionSensor
  import smtplib
  from signal import pause
❷led_motion_detected=LED(18)
  button=Button(2)
  pir=MotionSensor(4)
❸motion_detection_status=False
  email_sent=False
❹def reset_motion_sensor():
        global email_sent
        global motion_detection_status
        if motion_detection_status==True:
                motion_detection_status=False
                led_motion_detected.off()
        else:
                email_sent=False
❺def send_email():
        global email_sent
        global motion_detection_status
        if(motion_detection_status==True and email_sent==False):
                sender_email_addr='YOUR_QQ@qq.com'
                sender_email_password='YOUR_QQ_PASSWORD'
                receiver_email_addr='receiver_email@anyemail.com'
                email_content='警报触发'
                msg=MIMEText(email_content,'plain','utf-8')
                msg['From']=sender_email_addr
                msg['To']=receiver_email_addr
                msg['Subject']='Alert'
                server=smtplib.SMTP('smtp.qq.com',465)
```

```
server.starttls(server.login(sender_email_addr,sender_email_password))
server.sendmail(sender_email_addr,receiver_email_addr,msg.as_string())
server.quit()
email_sent=True
led_motion_detected.on()
print('Email Sent')
❻button.when_pressed=reset_motion_sensor
❼pir.when_motion=send_email
pause()
```

☞代码解释小课堂

· 和其他程序一样,首先通过❶来导入传感器和发送邮件所需要的程序库。

· ❷创建了两个LED灯对象(一个用来显示系统状态,一个用来显示传感器触发状态)和一个按钮对象(按下时触发❹定义的reset_motion_sensor()函数来重置系统)。

· ❹定义的reset_motion_sensor()函数对LED灯进行操作,如果红外传感器已经被触发,那么将LED触发信号灯关闭,并将红外传感器状态变量变为False。如果红外传感器没有被触发,则将邮件发送状态设置为False。

· ❻定义了按钮按下时所触发的动作为调用reset_motion_sensor函数。

· ❼定义了红外传感器被触发时的动作为调用send_mail函数。

保存脚本后,按F5或者在菜单中选择Run▶Run Module来运行程序。当检测到具有红外特征的物体移动时,系统会向定义好的服务接收者发送电子邮件通知。

思考题

运用电子邮件服务器来进行物联网信息的传递是一个比较便利的方案,因为众多且绝大部分电子邮件服务不会收取费用。然而,如果我们想将物联网设备所产生的信息全部记录下来并处理分析,还是需要用到物联网管理平台。在老师的指导下,运用项目5中学习的息赛物联网平台,将入侵者警报系统产生的信息发送到物联网平台,并向用户进行展示。

本章小结

物联网的管理层作为物联网系统的大脑，是物联网架构中至关重要的一个组成部分。大量的数据通过网络层传输到管理层，由管理层进行处理和展示。通过本章两个项目的学习，我们深入地认识并运用了物联网管理层对我们制作的物联网设备进行服务，为更进一步地应用管理平台对数据进行挖掘分析打下了坚实的基础。

第 7 章

CHAPTER 7

物联网的舞台

——应用层

让万物互联的物联网为什么会成为21世纪国家建设中最重要的课题之一？要回答这个问题，我们需要首先来了解物联网的最高层，也就是应用层。应用层处在物联网架构中的最高层，它确定了物联网系统的功能和服务要求，并在物联网构建时确定任务与目标。应用层主要是对感知层采集通过网络层传输到云服务器的数据进行计算、处理和知识挖掘，从而达到对物理世界实时控制、精确管理和科学决策的目的。这里我们通过对几种应用层设计的实例来对物联网的主要应用场景进行介绍，同时希望同学们从这些应用中吸取养分，在今后的学习和研究的过程中，利用互联网思维勇于创新，推动物联网的发展。

☞**智能家居**

生活在现代的我们都深刻地体会到互联网的变革给生活带来的便利，轻轻地触碰一个按钮就可以让我们获得海量的文字和图像信息。但是我们可能预想不到的是，就连我们日常的家居生活都会被互联网改变。物联网的到来使得我们在任何时间、任何地点，只要有网络的接入，就可以控制家中各种设备，给我们节约了时间的同时也节约了能源和金钱。这一切都不是科幻大片，而是正在发生的事实，我们的居住环境正在因为物联网的普及而变得无比智能。

让我们来想象一下这个美妙的场景：如果所有设备都连接到了互联网上，那么你在上班时就可以控制家中的洗衣机进行衣服的清洗和烘干，并能实时掌握洗衣机的动态；你在外出时可以远程调整家中空调或者暖气的温度，家中没有人时可以将设备关闭，快要到家时可以打开设备让室内温度快速达到适宜的温度,这样既节省了能源开销,也达到了节能减碳的目的;你在学校时突然发现刮起了大风,家里打开通风的窗户还没有关闭,于是你可以通过手机迅速地关闭窗户;家中进了一些灰尘,这时候你可以远程设置你的扫地机器人自动地清理灰尘;晚上结束了一天的工作,想回到家中立即喝上热茶,你按下一个按钮就可以开始烧水,保证回到家就可以马上享用;上床入睡后,发现客厅的灯还没有关,这时候你不用从暖暖的被子里面钻出来,只需要打开一个手机应用,马上就可以控制家中所有的灯具。智能家居(见图7.1)的例子远不止于此,并且这样的产品每天都在增加。

图 7.1　智能家居

☞智慧城市

　　智慧城市(见图7.2)是物联网应用层的另外一个重要的设计。智慧城市是指利用各种信息科技或者创新理念,整合城市的组成系统和服务,以提高资源利用的效率,最优化都市管理和服务,以及改善市民的生活质量。智慧城市的概念逐步地运用到城市的每个部分,包括各个管理部门的信息管理系统、学校、图书馆、交通系统、医院、电厂、执法检查、社区服务。商业驱动了科学技术的发展,大规模城市化后的管理优化让科技创新变得极其迫切。科技进步也驱使着城市的领导者对于社区建设和城市设施的思考。通过传感器和实时数据传输系统的应用,城市的各种海量数据被实时传递并处理。这些信息经过分析后,城市运行中那些效率不高的部分就会被发现并且被检讨。城市通过物联网的建立不仅能实时掌握各种动态,而且也在不断地进化,朝着提高市民生活质量的方向去发展。

图 7.2　智慧城市

　　生活在城市中的我们,正在真切地感受这项技术带来的变化。以交通系统为例,最原始的交通控制系统,只能按照事先规定好的规则进行交通控制,如果有突发情况,需要很长时间才能反应,往往造成很多的交通不便,而物联网的概念引入在某种程度上缓解了城市交通问题。城市中的各种传感器能够捕捉各种交通信息,通过物联网管理层的通盘分析,迅速给出改善交通的建议,通过交通控制系统,有效地引导车流。城市的付费系统也是一个很好的例子。一个家庭每个月都会产生很多的账单,如水费、电费、电视服务费、固定电话费等等,最原始的方法是去各个部门缴纳,而后得到了改进,变成了亲自去银行一站式缴纳所有的费用。随着物联网的信息管理系统的快速发展,所有的缴费信息被整合到一个平台上来,现在的家庭成员只需要通过手机连接到这个管理平台,账单的管理和缴纳只需要轻触一下手机按键,节约了人力,提高了效率。智慧城市的概念对于城市污染的管控也起到了很大的助力。大量成本可负担的传感器可以布置在城市的各个角落,尤其是工业区,这样城市的管理者就有了 24 小时的实时城市污染状况的信息,能够快速根据数据找出污染源,迅速做出反应或者开始研究政策或者调整产业,从而从短期和长期两个方面来帮助城市减轻环境污染。智慧城市是一项浩大的工程,这个应用层的设计需要在城市中布置各种类型的大量的传感器,需要城市互联网,尤其是无线网络的大范围普及,需要建立一个处理能力强大的管理平台。智慧城市是一个目标,这个目标需要我们付出巨大的努力。

7.1 项目 7：家用智能温度和湿度计

在这个项目中，我们会制作一个家用智能温度和湿度计，会学习怎样读取和记录环境的数据（这项技能在各种项目中被广泛运用），同时通过前面介绍的 email 发送方法，当温度或湿度达到设定值时，向住户发出通知，以便用户调整家中制冷或者供暖设备的工作状态。

☞ DHT22 传感器

这个智能设备用到的传感器是 DHT22 数字温度和湿度传感器，它的优点是内置了一个模拟转数字的芯片，保证了在无须外部转换器的情况下，就能直接读取温度和湿度的读数，让电路连接变得十分简单。

DHT22 传感器共有四个引脚，如图 7.3 所示，分别是电源引脚、数据引脚、NC 引脚（不会用到）、接地引脚。

图 7.3　DHT22 传感器及其引脚的作用

和其他传感器一样，为了能用 Python 编程对传感器进行操作，我们需要和传感器匹配的程序库，我们需要在 Terminal 中执行以下操作来获取程序库：

- 更新树莓派的软件信息，命令为 sudo apt update；
- 更新 Python 的一些功能，命令为 sudo apt build-essential python-dev；
- 进入到桌面，命令为 cd /Desktop；
- 创建一个 Libraries 文件夹，命令为 mkdir Libraries；
- 进入到这个文件夹，命令为 cd Libraries；
- 下载安装程序，命令为 git clone https://github.com/adafruit/Adafruit_Python_DHT.git；

- 进入到下载完毕的安装程序所在文件夹,命令为 cd Adafruit_Python_DHT;
- 最后安装,命令为 sudo python setup.py install。

☞**电路连接**

电路的连接非常简单,我们需要将 DHT22 传感器和一个 4.7kΩ 的电阻连入电路(见图 7.4):

1. 将接地和电源引脚通过导线连接到面包板的蓝色接地插口和红色电源插口上。

2. 通过导线将蓝色接地插口和红色电源插口分别连接到树莓派的 6 号引脚和 1 号引脚上。

3. 数据引脚需要通过导线连接到树莓派的 7 号引脚上,同时数据引脚需要连接到 4.7kΩ 的电阻上,该电阻另一个引脚需要连接到红色电源插口上。

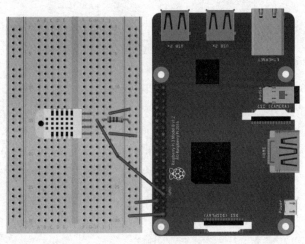

图 7.4　智能温度和湿度计的电路连接

☞**程序编写和分析**

在 Python 的 Shell 中创建一个新的脚本文件,输入以下代码:

```
❶import Adafruit_DHT
import time
import smtplib
```

```
    from  email.mime.text  import  MIMEText
❷ sensor=Adafruit_DHT.AM2302
    sensor_pin=4
    running=True
❸ temp_threshold=float(input('Please set temperature threshold:'))
❹ file=open('sensor_readings.txt','w')
    file.write('time and date,temperature,humidity\n')
❺ sender_email_addr='YOUR_QQ@qq.com'
    sender_email_password='YOUR_QQ_PASSWORD'
    receiver_email_addr=' receiver_email@anyemail.com
    body='Exceed temperature threshold'
    msg=MIMEText(body)
    msg['From']=sender_email_addr
    msg['To']=receiver_email_addr
    msg['Subject']='WARNING'
    server=smtplib.SMTP('smtp.qq.com',465)
❻ while running:
❼ humidity,temperature=Adafruit_DHT.read_retry(sensor,sensor_pin)
    print('Temperature='+str(temperature)+',Humidity='+str(humidity))
❽ file.write(time.strftime('%H:%M:%S%d/%m/%Y')+','+str
    (temperature)+','+str(humidity)+'\n')
❾ if temperature>temp_threshold:
    server.starttls()
    server.login(sender_email_addr,sender_email_password)
    server.sendmail(sender_email_addr,receiver_email_addr,msg.as_string())
    server.quit()
    print('Email Sent')
    time.sleep(10)
```

☞ 程序各部分的功能

• ❶导入了程序需要的各种程序库。

- ❷通过程序库创建了一个DHT22传感器对象。
- ❸询问用户报警的温度临界值。
- 在❹中，open函数创建了一个文件对象file，函数中第一个参数为文件的名称，第二个参数' w '表示所创建的这个文件是可写的。file对象可以用write函数进行写的操作，write函数内的字符串参数为写入文件的内容。
- ❺设置发送email所需的例如账户、密码、服务器、邮件内容等信息，这些我们已经在之前的项目中介绍过，这里就不赘述。
- ❻的循环开始后，首先通过❼的read_retry函数从传感器读取湿度和温度的数值，在❽中使用write函数，将时间、温度和湿度信息写入先前创建的文件。
- ❾来判断测量到的温度是否超过了设定的临界温度，若超过了则通过email向指定的接收者发送通知。

保存脚本后，按F5或者在菜单中选择Run ▶ Run Module来运行程序。

> **思考题**
> 这个智能温度和湿度计作为一个物联网设备，它的四层架构是怎样组成的？如果我们希望通过微信或者微博来发送用户警报，那么这个程序应该怎么来修改？

7.2　项目8：智能动物观察照相机

在这个项目中，我们将运用之前使用过的红外传感器和树莓派相机模块来制作一个可以智能观察野生动物的照相机。很久以前，生物学家为了抓拍到各种动物的照片，需要埋伏在一个地点数个小时甚至数天，稍不注意就会前功尽弃。我们制作的这个智能动物观察照相机，当捕获到动物的红外特征时，自动启动相机，抓拍动物的照片，极大地减小了人们的工作量和危险性。

☞树莓派照相机模块

树莓派照相机模块（见图7.5）搭载了一颗800万像素的索尼 IMX219 定焦图像传感器。其静态图像分辨率可以达到3280×2464像素，视频的分辨率在每秒30帧的情况下可以达到1080像素，每秒60帧的情况下可以达到720像素，每秒90帧的情况下可以达到640×480像素。相对于第一代的照相机模块,第二代提供了手动变焦功能,用随产品附带的配件就可以手动调整焦距。相对于其价格,这样的性能非常出色。在这个项目中,我们会用到照相机模块的静态图像功能。

图 7.5　树莓派照相机模块 V2

照相机模块通过 CSI 接口和树莓派连接,提起 CSI 接口的卡槽,将照相机模块的连接线插入卡槽,并锁紧,如图 7.6 所示。

图 7.6　树莓派照相机模块的连接

将树莓派的相机功能启用,打开主菜单,选择 Preferences ▶ Raspberry Pi Configuration,选择 Enabled,然后重启系统。如图 7.7 所示。

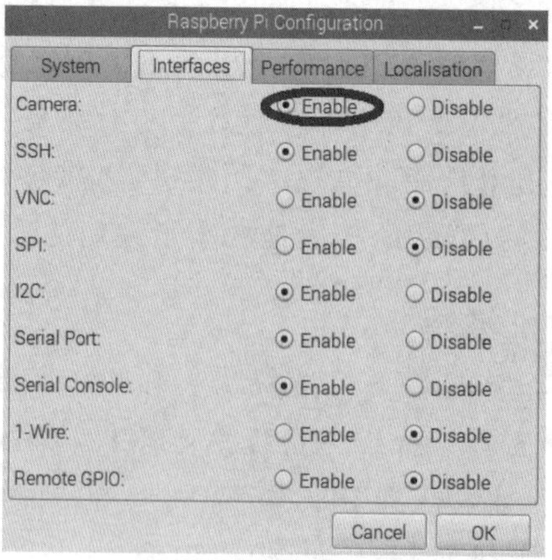

图 7.7　启用树莓派的相机功能

☞ **电路连接**

照相机模块已经连接完毕,让我们来完成剩下的红外传感器和按钮的安装,前面章节中已经介绍了红外传感器,它的三个引脚分别是接地引脚,数据引脚和电源引脚:

- 将红外传感器的接地引脚连接到面包板的蓝色接地插口行,再将蓝色接地插口行用导线连接到树莓派的34号引脚;
- 将红外传感器的数据引脚连接到树莓派的7号引脚;
- 将红外传感器的电源引脚连接到树莓派的4号引脚;
- 按钮的两个引脚,其中一个连接到树莓派的3号引脚,另一个引脚连接到面包板的蓝色接地插口行,如图7.8所示。

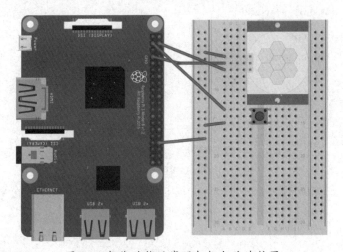

图 7.8　智能动物观察照相机电路连接图

☞ **功能设计**

作为一个设计目的明确的项目,其工作的流程设计如下:

1. 初始化照相机模块。

2. 当红外传感器感知到移动物体时,启动照相机模块并拍摄照片。

3. 将照片保存至指定位置。

4. 按照一定顺序来命名所保存照片,例如按升序来排列,image1.jpg、image2.jpg等。

5. 照相机模块在启动后会进入全屏模式,退出需要调用特定函数,我们定义按钮的作用为触发这个函数。

☞**Python 程序设计**

打开 Python 的 Shell,创建一个新的脚本文件,输入以下的代码:

```
❶from gpiozero import Button, MotionSensor
  from picamera import PiCamera
  from time import sleep
  from signal import pause
❷button=Button(2)
  pir=MotionSensor(4)
  animal_capture_camera=PiCamera()
❸camera.start_preview()
❹image_number=0
❺def stop_camera():
      camera.stop_preview()
      exit()
❻def take_animal_photo():
      global image_number
      image_number=image_number+1
      camera.capture('/home/pi/Desktop/image_%s.jpg' % image_number)
      print('Motion is captured')
      sleep(20)
❼button.when_pressed=stop_camera
❽pir.when_motion=take_animal_photo
  pause()
```

☞**程序详细分析**

· ❶中导入按钮、红外传感器、照相机模块等所需的程序库。

· 用❷创建一个按钮对象,Button 的括号内的参数为按钮连接的树莓派引脚的 GPIO 引脚号。

· ❸用照相机模块的 start_preview()函数启动照相机。

· ❹创建一个全局变量 image_number,作用是统计拍摄照片的数量,并用以命名所保存的照片文件。

- 开启相机模块后,会进入全屏模式,无法进行任何其他的操作,如果想退出全屏模式,需要调用 stop_preview( )函数。❺定义了一个 stop_camera( )函数,这个函数首先退出照相机的全屏模式,并退出程序。

- ❻定义了另一个函数,这个函数的功能是拍摄照片,将照片计数变量 i 加 1,并以名字递增的方式来命名,capture 函数的参数为所拍摄图片的保存目录。

- ❼定义按下按钮的动作为调用❺中定义的退出照相模式的函数。

- ❽定义红外传感器捕捉到物体移动时为❻定义的拍照函数。

保存这个脚本,按下 F5 或者选择 Run▶Run Module 来运行程序。当希望退出程序时,按下面包板上的按钮,并检查桌面保存的文件。

> **思考题**
>
> 这个项目的设计没有包含管理层和应用层的设计,请添加一个 email 发送的功能,在发现动物时,不仅拍摄照片,同时也运用电子邮件服务器来发送一个电子邮件至指定的邮箱。另一种方案是运用息赛科技的物联网云来管理智能动物观察照相机的拍摄,在老师的指导下,运用指定的 API 对现有的程序进行修改。

本章小结

物联网的应用层作为物联网的最高层,起到了统领整个构架的作用,智能家居、智慧城市、智慧工业等应用层设计在接下来的数年里会对推动社会发展起到巨大的作用。每一个应用层的设计框架都需要无数的物联网设备的接入和支持。通过这两个项目的学习,我们初步掌握了智能家居的概念,通过实践更深入地体会物联网设备的设计、开发和测试的全过程。

第 8 章

CHAPTER 8

终极项目：人工智能物联网摄像头

　　学期很快就要结束了,我们也顺利地完成了前面7章的学习,通过一系列的项目,同学们积累了物联网架构、设计和实现的很多经验。在最后一章里,我们将通过一个有趣的项目来引领大家进入人工智能的世界。我们不会具体地介绍人工智能的技术细节,因为在下册中大家会深入学习有关人工智能的方方面面。这个项目更多地是展示在结合人工智能技术后,物联网技术会有一个怎样的巨大变革。

　　物联网的提出是希望利用互联网,将万物互联,提高信息的交换速度,从而提高社会效率,给人们带来极大的便利。这种信息的交换按照程序的设计进行,和我们人类的智慧相比,还存在着不小的差距。怎样让物联网变得更加聪明?人工智能技术的发展使得这个设想能够得以实现。随着软件和硬件的长足进步,即使小小的物联网设备也可以加入人工智能的元素,发挥着数年前只有昂贵复杂的设备才能实现的功能。

　　可能以上的介绍略显空洞,那么让我们来看一个实际的例子。在网络还不发达的年代,摄像头只能通过信号处理器(通常是一台电脑)来获取本地的图片或者视频信息。当摄像头被接入网络后,它就变成了一个物联网设备,可以将图片或者视频信息发送到指定的目的地,人们也可以通过网络来操作摄像头。我们在前面的章节中已经用树莓派和光学传感器实现了网络摄像头的功能。然而,当人工智能技术被运用到物联网光学传感器中,网络摄像头就能完成诸如物体识别、追踪等功能。这些功能都由信号处理设备自己完成,而不依赖于人类智慧的介入。

　　人工智能的方法有很多,例如向量机、机器学习、深度学习、神经网络等,这些我们都将在下册中逐一地介绍并结合项目让同学们更进一步地掌握。在这里，我们不妨先尝试为我们的物联网摄像头加入人工智能算法，让这个物联网摄像头实现很多神奇的功能，为接下来的人工智能部分的学习起到引入的作用。

8.1 项目简介

在前面的项目中，我们已经掌握了如何使用树莓派的光学传感器模块Raspberry Pi Camera Module V2，我们知道运用这个摄像头模块可以获取实时的视频信息。在我们的终极项目中，我们将运用人工智能技术，使我们的物联网摄像头能够智能地识别不同种类的物体。

如图8.1所示，终极项目的框架结构大致分为五个部分：

1. 云端或者本地存储的原始图片数据；

2. 云端或本地机器学习预测模型对原始图片数据进行分析，产生一个预测模型；

3. 通过对大量原始数据进行分析所得的训练后预测模型将保存在云端或本地备用；

4. 物联网设备（这里我们会使用树莓派）从云端或本地获取训练后的预测模型；

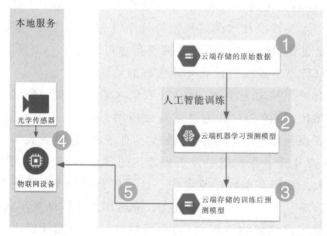

图8.1 人工智能物联网摄像头项目框架

5. 光学传感器获取视频信息的同时，运用获取的预测模型对其进行识别或分类。

8.2 项目的基本流程

- 安装Raspberry Pi Camera Module V2。（这里不再赘述，前面章节已经详细介绍）
- 更新树莓派系统软件。
- 安装人工智能深度学习软件TensorFlow。
- 安装实时视频处理软件OpenCV。
- 编译并安装Protobuf混合语言数据标准。
- 设置TensorFlow。
- 测试人工智能物联网摄像头。

更新树莓派系统软件。打开Terminal终端，输入命令sudo apt-get update，系统将开始自动更新。更新完毕后，再输入sudo apt-get dist-upgrade进行进一步的系统升级。如图8.2所示。

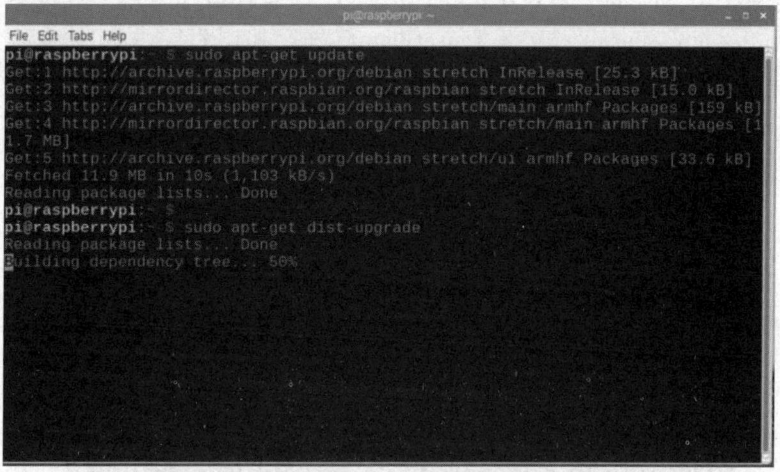

图8.2 在Terminal中进行系统升级

安装人工智能深度学习软件TensorFlow。在根目录下创建一个名叫tf的文件夹，这里可以用创建文件夹命令mkdir在Terminal中完成，输入命令mkdir tf，然后通过cd tf命令进入到这个新建的tf文件夹。这个文件夹将用来安装TensorFlow软件。如图8.3所示。

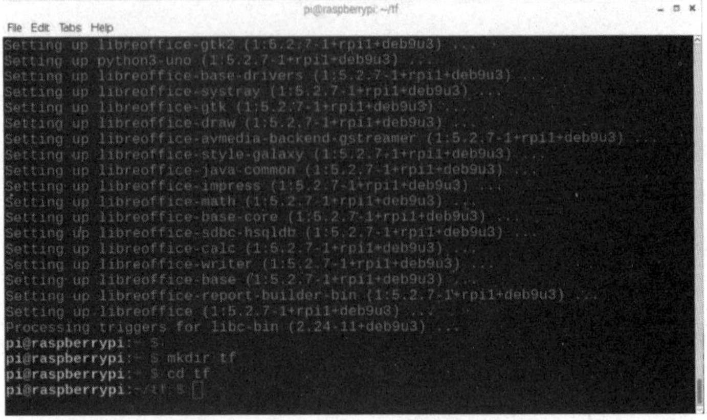

图 8.3 新建并进入 tf 文件夹

我们继续用 Terminal 来下载和安装 TensorFlow 软件，用命令 wget 加上软件的网络地址来下载软件，例如 wget https://github.com/lhelontra/tensorflow-on-arm/releases/download/v1.13.1/tensorflow-1.13.1-cp35-none-linux_armv7l.whl，下载完毕后，可以用 ls 命令来检查软件包是否已经下载到 tf 目录中，并用安装命令 pip3 install 来安装 TensorFlow 软件。如图 8.4 所示。

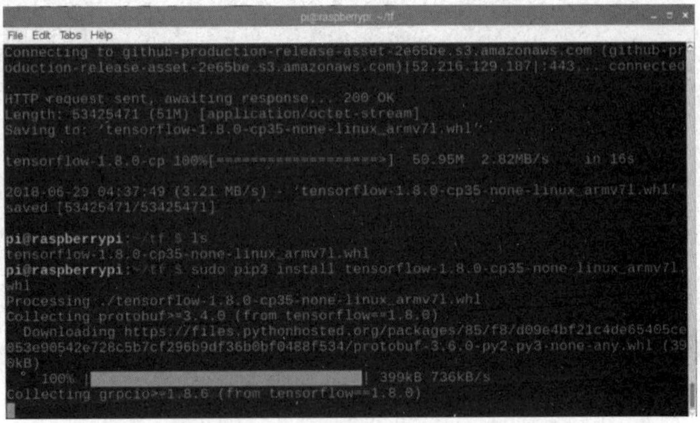

图 8.4 安装 TensorFlow 软件

TensorFlow 软件需要 libatlas-base-dev 软件包才能运行，所以我们需要安装这个软件包，命令为 sudo apt-get install libatlas-base-dev。TensorFlow 的成功运行还需要其他几个程序包，我们用 pip3 install 命令一并安装，命令是 sudo pip3 install pillow lxml jupyter matplotlib cython。

我们需要在 Python-tk 环境下运行 TensorFlow, 所以我们需要安装它, 命令是 sudo apt-get install python-tk。至此, TensorFlow 软件已经成功地安装好。

安装实时视频处理软件 OpenCV。因为我们制作的人工智能摄像头将用来获取实时视频并处理, 所以我们需要安装一个可以实时处理视频的软件来完成这项任务, OpenCV 就是最佳的选择。

同样, 安装 OpenCV 需要首先安装一系列的支持软件包, 这些软件包都可以用 apt-get install 命令来安装:

- libjpeg-dev;
- libtiff5-dev;
- libjasper-dev;
- libpng12-dev。

安装完成上述软件包后, 还需要用 apt-get install 命令来安装其他一些软件包:

- libavcodec-dev;
- libavformat-dev;
- libswscale-dev;
- libv4l-dev;
- libxvidcore-dev;
- libx264-dev;
- qt4-dev-tools。

同学们不需要仔细去了解每个软件包的具体功能, 耐心地安装完所有需要的软件包, 接下来我们可以安装 OpenCV 软件本身了, 用命令 pip3 install opencv-python。

编译并安装 Protobuf 混合语言数据标准。Protocol Buffers 是一种轻便高效的结构化数据存储格式, 可以用于结构化数据串行化, 或者说序列化。它很适合做数据存储或 RPC 数据交换格式。可用于通信协议、数据存储等领域的语言无关、平台无关、可扩展的序列化结构数据格式。目前提供了 C++、Java、Python 三种语言的 API。简单来说, Protocol Buffers 就是将数据以一种约定的方式存储的标准, 这种标准一旦制定, 使用数据者, 无论是谁, 都可以正确地解读数据的含义。

由于人工智能本身要提供给计算机大量的已标注的数据集, 这样一种标准就显得尤为重要,因为这个庞大的数据集需要满足各种操作平台以及各种计算机语言的通用性要求才能最大化这个数据集的价值。

首先我们需要下载并安装编译这个数据标准所需的一些软件包,用 sudo apt-get install 命令即可完成:

- autoconf;
- automake;
- libtool;
- curl。

然后我们需要下载 Protobuf 的源代码,这里用到 wget 命令加上源代码所在的网址,命令为 wget https://github.com/protocolbuffers/protobuf/releases/download/v3.8.0/protobuf-all-3.8.0.tar.gz。因为下载的源代码保存在压缩文件中,所以我们需要用解压缩命令 tar-zxvf 来解压缩源代码,具体命令为 tar-zxvf protobuf-all-3.8.0.tar.gz。解压缩完毕后所有文件会保存在一个名为 protobuf-3.8.0 的文件夹中,我们需要用 cd 命令进入这个文件夹,命令为 cd protobuf-3.8.0。进入文件夹后我们需要对软件进行配置,命令为 ./configure。如图 8.5 所示。

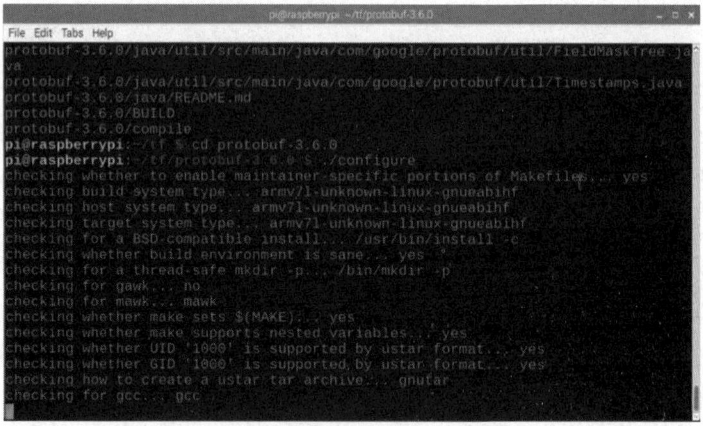

图 8.5 进入 Protobuf 所在文件夹并对软件进行配置

配置完毕后,我们需要对源代码进行编译,这里我们需要用到 make 命令,我们只需要输入 make,然后按下回车键。此时我们需要耐心等待,因为编译的过程将长达一个小时。在编译完成后,我们需要用 make check 命令来检查编译的结果,这个过程长达一个半小时,我们可以用这段时间来完成其他的功课。编译完成后,我们用 make install 命令来安装 Protobuf,这个过程需要几分钟来完成。

安装完成后,我们进入 Protobuf 的 Python 目录,cd python,因为我们会用 Python 语言来调用 Protobuf 软件,我们需要对 Python 目录进行设置:

- export LD_LIBRARY_PATH=../src/.libs
- python3 setup.py build－cpp_implementation
- python3 setup.py test－cpp_implementation
- sudo python3 setup.py install－cpp_implementation
- export PROTOCOL_BUFFERS_PYTHON_IMPLEMENTATION=cpp
- export PROTOCOL_BUFFERS_PYTHON_IMPLEMENTATION_ VERSI-ON=3
- sudo ldconfig

这样 Protobuf 就安装完毕了,我们可以用 protoc 命令来检查是否在安装过程中出现错误,没有错误信息表示我们的安装是正确的。我们需要重启树莓派,让之前安装的软件生效,在 Terminal 中输入命令 sudo reboot now。

设置 TensorFlow。前面已经安装好了 TensorFlow,那么现在让我们来创建一个 TensorFlow 的工作目录,并下载一些训练完成的预测模型供我们使用。首先在 Terminal 中创建一个文件夹,命令为 mkdir tensorflow1,创建完毕后用 cd 命令进入这个文件夹,命令为 cd tensorflow1。进入文件夹后,我们来下载一些已经训练好的预测模型所需的软件,命令为 git clone－recurse-submodules https://github.com/tensorflow/models.git。

我们还需要设置 Python 的环境变量,环境变量一般是指在操作系统中用来指定操作系统运行环境的一些参数,如:临时文件夹位置和系统文件夹位置等。这里设置的是 Python 的环境变量,是为了让 Python 知道调用 TensorFlow 时所需的文件的位置。我们需要编辑一个处理文件(bash 文件),打开这个文件的命令为 sudo nano-/.bashrc,其中 nano 是 linux 操作系统中的一个文本编辑软件,打开文件后界面如图 8.6 所示。

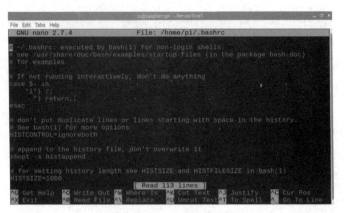

图 8.6　用 nano 打开 bashrc 文件

　　打开 bashrc 文件后，将光标移动到文件尾部，加上一行 exportPYTHONPATH=exportPYTHONPATH=$PYTHONPATH:/home/pi/tensorflow1/models/research:/home/pi/tensorflow1/models/research/slim。用 Ctrl+X 保存并退出。为了确认环境变量是否设置正确，关闭 Terminal 再打开，输入 echo $PYTHONPATH，系统会返回我们之前所设置的环境变量。

　　在下册中我们会学习怎样创建预测模型，这里我们只是学习怎样运用现有的预测模型。让我们来下载一些已经训练完毕的物体识别预测模型。首先进入到我们希望保存预测模型的目录，用命令 cd tensorflow1/models/research/object_detection 打开，用命令 wget http://download.tensorflow.org/models/object_detection/ssdlite_mobilenet_v2_coco_2018_05_09.tar.gz 下载预测模型，用命令 tar-xzvf ssdlite_mobilenet_v2_coco_2018_05_09.tar.gz 解压缩。这个预测模型数据是以 Protocol Buffers 的标准保存的，所以我们需要用到之前安装的 Protobuf 来编译这个模型数据，在根目录下执行命令 cd tensorflow1/models/research，进入到需要保存编译结果的目录，执行 protoc object_detection/protos/*.proto - python_out=.，这样所有的预测模型数据都通过 Protocol Buffers 转换成了 Python 文件，这样我们就可以用 Python 来调用这个人工智能识别模型。这里体现出 Protocol Buffers 的优势，同样的数据标准，在进行编译后可以供给不同的程序语言使用，提高了通用性。

　　测试人工智能物联网摄像头。从息赛科技官网下载人工智能物联网摄像头的 Python 文件 Object_detection_picamera.py，请根据前面章节介绍的方法安装好树莓派摄像头。在 Terminal 中用 Python 运行所下载的 Python 文件，命令为 python3　Object_detection_picamera.py，经过约 30 秒的初始化之后，这个智能物体识别摄像头就会开始工作，能识别出很多日常生活中的物品，例如电视机、自行车、人类、各种水果和刀具。图 8.7 和图 8.8 为两个物体识别场景。

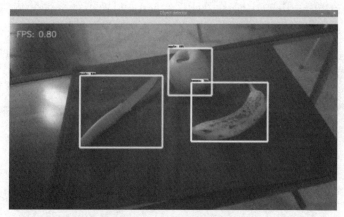

图 8.7　物体识别场景 1

图 8.8　物体识别场景 2

我们制作的这个人工智能互联网摄像头现在可以成功地识别出很多物体，并且不需要人类智慧的帮助。想象一个场景：一场大型的国际赛事在一座大型的体育场举行，为了保证国际赛事的安全进行，观众们需要遵守一些注意事项，最重要的就是不能携带违禁品进入赛场。安全员的数量非常有限，且人工检测存在一定的出错率。这时候，我们制作的人工智能摄像头就能大显神威。我们可以通过修改 Python 代码，在某个特定物体被检测到时，锁定违禁品携带者，向息赛 AIoT 平台发送警告，同时通过平台向管理人员发出通知，这样就大大提高了安全工作的效率。

如果大家想进一步了解基于 TensorFlow 的人工智能摄像头的技术细节，可以参考 Evan 的 Github 网页内容，网址为：https：//github.com/EdjeElectronics/TensorFlow-Object-Detection-on-the-Raspberry-Pi。本章节部分内容和图片也引用于 Evan 在此开源技术分享网站（Github）分享的内容，特此感谢。

> **思考题**
>
> 在老师的指导下，设计一个人工智能检测摄像头应用场景，制作自己的训练数据模型，并测试检测的准确率。

本章小结

本章的重点是让同学们在搭建一个人工智能物联网项目中，体会到人工智能的强大功能。作为本书的最后一章，虽然我们没有介绍人工智能的技术细节，但是通过应用和实践，我们初步地了解了如何将人工智能和物联网设备相结合从而更好地为社会生活服务。希望最后一章的内容能够为同学们系统地学习下册的人工智能部分起到引路的作用，激发大家深入学习人工智能的兴趣。